AF499212

VIGNE ET LE VIN

MANUEL

DU

PLANTEUR DE VIGNE

DANS LES TERRAINS PAUVRES

ET

SPÉCIALEMENT DANS LA SOLOGNE

PAR LE

Dr ÉDOUARD BURDEL

MÉDECIN HONORAIRE DE L'HOSPICE DE VIERZON
CHEVALIER DE LA LÉGION D'HONNEUR
DE L'ORDRE ROYAL DE LÉOPOLD DE BELGIQUE, ETC.

> La vigne est l'arbrisseau colonisateur de la France.
>
> Dr JULES GUYOT.

PARIS

G. MASSON, ÉDITEUR.

LIBRAIRE DE L'ACADÉMIE DE MÉDECINE

120, Boulevard Saint-Germain, 120

1881

LA VIGNE ET LE VIN

MANUEL

DU

PLANTEUR DE VIGNE

Chateauroux — Imp Nuret, MAJESTÉ, successeur

LA VIGNE ET LE VIN

MANUEL
DU
PLANTEUR DE VIGNE
DANS LES TERRAINS PAUVRES
ET
SPÉCIALEMENT DANS LA SOLOGNE

PAR LE

Dr ÉDOUARD BURDEL

MÉDECIN HONORAIRE DE L'HOSPICE DE VIERZON
CHEVALIER DE LA LÉGION D'HONNEUR
DE L'ORDRE ROYAL DE LÉOPOLD DE BELGIQUE, ETC.

> La vigne est l'arbrisseau colonisateur de la France.
>
> Dr JULES GUYOT.

PARIS
G. MASSÓN, ÉDITEUR.
LIBRAIRE DE L'ACADÉMIE DE MÉDECINE
120, Boulevard Saint-Germain, 120

1881

A LA MÉMOIRE

DE MON EXCELLENT AMI

LE DOCTEUR JULES GUYOT

Bien que ton esprit soit aujourd'hui dégagé de tous les bruits de la terre et des soucis qui en sont le cortège, laisse-moi invoquer ta mémoire. et placer ce petit volume sous le patronage de ton nom et de tes travaux, car tu fus à la fois le grand instructeur et le grand vulgarisateur de la viticulture en France.

A tous les points de vue, je te devais ce souvenir, non seulement parce que cet ouvrage est la continuation de ta pensée, mais aussi parce que tu t'étais associé aux efforts que je tentais déjà pour exciter à la viticulture en Sologne et dans tous les pays pauvres, et enfin parce que tu n'as cessé de m'y encourager.

Puisse donc l'autorité de ton nom si respecté et si vivant encore, être pour ce travail un sauf-conduit assuré.

Dr Édouard BURDEL.

Vierzon, le 30 septembre 1881.

1

AVANT-PROPOS

La vigne est l'arbrisseau colonisateur de la France.

Dr J. GUYOT.

« Que buvez-vous à vos repas? » disais-je chaque jour aux ouvriers paysans du Berry et de la Sologne qui venaient me consulter, ou que j'étais appelé à soigner. Et tous me regardant avec des yeux étonnés semblaient ne pas me comprendre. Reprenant alors ma question sous une autre forme, je répétais: « Que buvez-vous en mangeant, vous et votre famille? » Et presque tous me répondaient : « *Nous buvons de l'eau.* »

« De l'eau crue? » ajoutais-je, — « Oui, mais le plus souvent avec un peu de vinaigre ; quelquefois, suivant les années, nous buvons des cidres faits avec des pommes sauvages, des cormes, et, quand les fruits manquent, avec du genièvre ou des prunelles. »

Cette question, je l'ai posée pendant plus de trente ans; et c'est alors que je pus me rendre compte du peu de force de résistance qu'offraient au fléau paludéen, les travailleurs de la campagne et leurs familles, et que je pus enfin acquérir la triste certitude que le vin, ce tonique excellent, ce régénérateur fortifiant et même préservatif pour beaucoup de l'endémie palustre; le vin était une boisson non pas inconnue, mais très peu en usage aux repas de nos ouvriers des campagnes. Cependant, pour eux plus que pour tous autres, le vin est pour ainsi dire indispensable, afin de combattre les influences climatériques fâcheuses, au milieu desquelles ils vivent.

Mais puisqu'ils n'ont pas de vin, n'en produisent pas, voyons donc, me disai-je, s'il n'est pas possible de leur indiquer les véritables moyens de s'en procurer, en plantant et en cultivant la vigne par des méthodes plus rationnelles?

Tel était le dilemme qui se présentait à ma pensée et que je cherchais à résoudre, lorsque j'eus le bonheur, il y a vingt ans environ, de rencontrer mon excellent et savant confrère, le docteur Jules Guyot qui déjà commençait, en France, à se montrer par la parole et par l'exemple le véritable apôtre de la vigne.

C'est alors qu'il me démontra que dans tous les pays où la vigne peut se développer et produire, il est inutile de rechercher les sols riches et fertiles, mais bien au contraire les régions les plus pauvres et les plus ingrates ; et me parlant des landes stériles du midi, des terrains pierreux, graveleux des départements de l'Indre et du Cher, de Loir-et-Cher, etc., et de la Sologne particulièrement; partout enfin où les céréales sont difficiles et coûteuses, il me prouva, dis-je, que dans toutes ces contrées, la vigne, plantée et cultivée à la charrue, y réussirait certainement, donnant des produits rémunérateurs.

Enfin l'avourai-je, pleinement convaincu de ce qu'il m'avançait, et de ce que j'avais pu déjà observer par moi-même, je résolus, afin d'étudier cette question d'une façon plus approfondie, je résolus de planter et de cultiver de la vigne : car comment traiter une question de cette nature d'une façon sérieuse et avec connaissance de cause, si on ne l'a étudiée par la pratique.

Je me mis donc à planter de la vigne et à la cultiver, étudiant les différentes méthodes préconisées et en usage, afin d'être plus à même, par l'observation, d'indiquer celles qui sont les plus simples, les plus économiques, les plus à la portée de tout le monde, les plus rémunératrices, celles surtout qui dans nos contrées peuvent mettre la vigne le plus à l'abri des désastres causés par les gelées hivernales et printanières.

Voilà comment il se fait qu'aujourd'hui je me permets d'offrir au public ce modeste ouvrage qui, en résumé, n'est qu'un *petit manuel de viticulture pratique,* mais qui, inspiré par l'hygiène et l'humanité, traite cette question au point de vue d'économie domestique et sociale, question devenue aujourd'hui des plus importantes pour les familles de toutes classes et particulièrement pour l'ouvrier.

Dans son traité de culture de la vigne, Jules Guyot, avec son grand sens pratique, avait déjà entrevu, à l'époque où il publiait son premier ouvrage, l'immense avantage qu'il y aurait pour toutes les régions où la culture de la vigne était possible, à la planter de préférence partout où le sol pauvre, maigre, pierreux ou sablonneux ne peut donner que de pauvres céréales. En parcourant le Berry et la Sologne dont il avait étudié d'une façon spéciale les plaines stériles, il demanda alors au ministre d'agriculture, de lui faciliter les moyens de planter la vigne dans ces régions, afin de créer un vignoble modèle d'une étendue de cent hectares environ.

Dans le même but, mais sur une échelle plus modeste, je fis moi aussi la même demande, aspirant seulement à l'encouragement de la viticulture et désirant la voir s'établir par petits enclos d'un hectare, auprès de chaque ferme, des petites locatures et autour des hameaux........

Nos demandes à tous deux furent accueillies par une fin de non-recevoir, et comme le dit si bien Jules Guyot dans son rapport sur la viticulture du département de Loir-et-Cher, « le vent » était à l'agriculture anglaise, intensive et ex- » tensive, au bétail étranger, aux valeurs mo- » bilières, aux institutions de crédit, *et non à* » *l'agriculture réelle, tirée de la connaissance* » *des hommes, des lieux, de leurs besoins et de* » *leurs aptitudes. La vigne était une importunité.* » Comment l'associer à *l'agriculture anglaise,* qui » n'a pas de vigne et n'en peut avoir. Aussi nos » demandes, voire même l'excellent rapport de » notre ami, M. Maréchal[1], tout fut enseveli » par le silence ».

Mais heureusement la voix de Jules Guyot fut entendue, et le courageux apôtre de la vigne

1. Rapport sur la culture de la vigne en Sologne et dans les pays où la main d'œuvre fait défaut.

en France put voir avant de mourir que ses efforts n'avaient pas été stériles; car de tous les points de la France viticole, c'est-à-dire dans toutes les zones où la vigne peut végéter et produire il put voir le sol se couvrir des pampres verts de cet arbrisseau ; il put voir surtout les plaines, les côtes pierreuses du midi, et même le versant des montagnes, se planter de vignes et donner de l'or en abondance. Il put voir aussi les vignes du Berry et d'une portion de la Sologne s'étendre et s'accroître ; dans cette dernière région surtout, il la vit apparaître là où elle était pour ainsi dire inconnue et comme un phénomène de culture, dans des lieux même où on n'eût osé la supposer possible.

Et bien certainement, si les hivers et printemps désastreux que depuis neuf ans déjà le centre de la France a eu à subir ne se fussent appesantis également sur la Sologne, effrayant et réprimant l'élan des viticulteurs de cette contrée, la vigne se fût plus étendue encore, et le vignoble que Jules Guyot avait espéré, eût été créé en Sologne.

Mais que l'on veuille bien considérer, ainsi que je le disais à l'instant, que ce n'est pas seulement la Sologne ni le Berry qui ont eu à souffrir de ce fléau, mais que toute la France centrale n'a pas été plus épargnée.

Qu'on demande aux vignerons de la Bourgogne, du Beaujolais, de l'Angoumois, de la Touraine, etc., s'ils ont été moins maltraités; et tous vous répondront qu'ils n'ont pas moins souffert et que s'ils ne se sont pas laissés aller à un découragement profond, c'est que, la viticulture étant séculaire chez eux, y ayant toujours existé, ils ont appris que dans le cours de la vie agricole, s'il est des périodes heureuses il en est aussi de néfastes qu'il faut savoir subir avec courage et résignation, assurés qu'ils sont que des années plus heureuses viennent toujours dédommager des autres [1].

1. Nous avons appris avec le plus profond regret que dans la commune de Chaumont-sur-Taronne (Loir-et-Cher), là où un vignoble était créé rapportant en moyenne de 12 à 1500 hectolitres par année, quelques propriétaires découragés par les dernières années, arrachèrent leurs vignes : ce triste exemple fut malheureusement suivi, et si cela continue, ce vignoble finira par disparaître. Cependant, ainsi que nous le disons, les vignes des régions envi-

Ainsi donc, ce qui est acquis aujourd'hui d'une manière indéniable, c'est que la vigne, dans la Sologne, comme dans le Berry, comme dans le centre de la France, vit et prospère ; et que c'est dans les parties les plus pauvres et les plus ingrates du sol qu'il faut la planter ; et que lorsqu'elle y est plantée dans des conditions convenables, elle n'y gèle pas plus que dans les régions qui l'entourent... Et ce fait étant parfaitement établi, nous osons dire avec plus d'assurance et de conviction que jamais : Plantez la vigne, plantez-la d'abord pour avoir des boissons saines pour votre famille, vos maisons, vos domestiques ; plantez-la aussi pour avoir des produits rémunérateurs qui vous compensent de vos peines ; plantez-la enfin, pour éviter ces boissons malfaisantes qu'une coupable industrie vous apporte sous le nom de vin [1].

ronnantes, telles que celles de Romorantin, d'Orléans, etc., n'ont pas été plus épargnées.

1. Le relevé des diverses analyses faites au laboratoire municipal de chimie à Paris est des plus instructifs pour le sujet que nous traitons ici. Ainsi sur 231 échantillons de vins examinés

En plantant de la vigne, vous y trouverez non seulement votre intérêt, ce qui est un point déjà assez important, mais au point de vue de l'hygiène, de l'économie domestique et de l'humanité, vous aurez fait une bonne action.

Plantez de la vigne pour vous-même, disons-nous, parce qu'en effet, il vaut mieux boire aujourd'hui du vin même faible, même vert, s'il est frais et naturel, que des vins frelatés, falsifiés et faits avec des mélanges inconnus. Mais plantez surtout de la vigne pour vos maisons, vos domestiques, vos ouvriers, car des *piquettes, des râpés,* seront toujours des boissons plus saines, plus alimentaires, préférables et moins chères que les vins que vous pouvez vous procurer à prix d'argent. Et faites-y bien attention, disons-nous aux propriétaires, ainsi qu'aux grands fermiers ; aujourdhui dans vos grands travaux, vos moissons, vos récoltes, vos ouvriers déjà vous réclament du vin, dont

184 ont été trouvés mauvais, 41 passables et 6 seulement de bons. Pour les alcools, sur 14 échantillons, 7 étaient mauvais, 4 passables, 3 seulement étaient bons.

il y a quelques années ils se passaient encore, ils l'exigent impérieusement maintenant, aussi le répétons-nous : *plantez et cultivez la vigne, plantez-la à la charrue, vous y trouverez tout profit.*

Ainsi que nous le dirons dans le cours de ce petit ouvrage, dont le but principal est de démontrer comment on peut planter et cultiver la vigne à peu de frais, rien n'est plus simple et moins coûteux, car avec cette culture on devient soi-même son vigneron. La taille de la vigne étant le point le plus important et le plus difficile, nous pouvons affirmer que désormais après une heure de démonstration pratique faite sous vos yeux, le premier ouvrier terrassier ou journalier venu, pourra faire cette opération sans difficulté; et vers la fin de la journée n'éprouvera aucun embarras.

Pour les autres façons à donner à la vigne en outre du travail du sol, que la charrue a fait d'abord rapidement et facilement, en plus grande partie, le moindre ouvrier qui sait piocher la terre peut faire le reste.

Enfin quant aux gelées si redoutables, et qui jusqu'à présent, ont été notre ennemi le plus terrible, nous indiquons un moyen de garantir la vigne des grandes gelées d'hiver, quels qu'en soient les degrés, en pratiquant le buttage à l'automne; et pour les gelées printanières on pourra s'en garantir encore dans une certaine mesure, en laissant d'abord, ainsi que nous le recommandons au chapitre *de la Taille,* un sarment de précaution, que l'on recouvre de terre jusqu'à la fin des jours critiques, et en appliquant les paillassons dans une certaine étendue seulement.

Le succès de la viticulture dans ce pays est désormais assuré si l'on veut, d'une part, planter la vigne et la cultiver selon les indications et modifications que nous avons rassemblées dans ce petit volume, et dont le but est de rendre cette culture pratique à la portée de tous et aussi économique que possible; et de l'autre si l'on veut ne pas se laisser aller à un découragement regrettable, trop facile, nous le comprenons, lors que surviennent trop fréquemment des séries de mauvaises années.

Nous nous garderions bien de publier ce petit manuel, si par des études sérieuses nous n'avions pas acquis la certitude de ce que nous avançons et si pour faire cette culture nous n'avions qu'à l'abandonner aux anciens errements et à la routine ; s'il fallait enfin laisser travailler la vigne exclusivement à la main, sans modifier ni le mode de plantation, ni le mode de culture, ni l'assainissement ni l'amendement du sol. Mais non ; en la plantant et en la cultivant d'après la méthode que nous exposons et dont nous pouvons autant que possible garantir les résultats, nous disons que c'est créer dans ce pays une culture et une industrie nouvelles ; plus encore, que c'est un mode de régénération qui doit profiter à la fois au sol et à la famille.

Aussi, nous inspirant de cette pensée tracée par Jules Guyot dans son ouvrage, non seulement nous nous plaisons à dire comme lui, que la vigne est l'arbrisseau colonisateur, mais nous

nous permettons d'ajouter qu'elle est aussi l'arbrisseau régénérateur et civilisateur, ayant pour mission aujourdhui d'alimenter la famille, mais surtout de la préserver de ces boissons trop répandues qui tuent le corps et l'esprit.

LA VIGNE ET LE VIN

I

LA VITICULTURE EN SOLOGNE

EST-ELLE POSSIBLE ?

> La vigne plantée autour de chaque village, de chaque hameau, de chaque ferme, sera comme le symbole de la civilisation et de la régénération du pays.
>
> *La vigne en Sologne* 1862.
>
> Dr Ed. Burdel.

Près de vingt ans se sont écoulés depuis l'époque où nous avons publié la lettre intitulée : *La vigne en Sologne, son influence sur le pays et sur la population* (1862).

Cet opuscule n'était, il est vrai, qu'un premier appel, ou pour mieux dire qu'un écho de celui que J. Guyot avait fait quelque temps avant, avec toute l'autorité de son nom, pour encourager les propriétaires à planter de la vigne en Sologne ;

assuré qu'il était qu'elle y réussirait, et que sous l'influence des boissons toniques et alimentaires qu'elles donnerait, la population à tous les points de vue en tirerait grand profit.

En reprenant aujourd'hui cette question si importante, et en cherchant à la compléter par ce petit volume que nous offrons au public et qui n'est qu'un très modeste enseignement puisé dans l'étude et dans l'observation ; il nous a semblé qu'il n'était pas sans intérêt, avant de dire si la viticulture est possible en Sologne, de rechercher si depuis que Guyot a pris la parole, on peut constater un progrès marqué et une extension dans la plantation de la vigne ; et si enfin notre ami J. Guyot avait eu raison de parler en sa faveur.

Après les excursions, les enquêtes et les études que nous avons pu faire à ce point de vue, nous croyons pouvoir affirmer que, pendant que la viticulture prenait en France, sous le souffle puissant et vulgarisateur du docteur J. Guyot, une extension considérable, qui a rapporté depuis lors des milliards au pays, la Sologne, elle aussi a suivi cette impulsion ; que cette impulsion très marquée dans son périmètre, l'a été moins dans sa région centrale, où elle ne s'est montrée et ne se montre encore aujourd'hui qu'avec défiance et timidité.

Cette défiance et cette hésitation nous ont tellement frappé, qu'avant d'entreprendre et continuer ce travail, nous nous sommes fait un devoir, afin d'éclaircir cette question, de rechercher si cette hésitation n'avait pas une sérieuse raison d'être, ou si, au contraire, elle n'était que la conséquence d'un préjugé établi par une expérimentation faite dans de nouvelles conditions et entretenu par des esprits chagrins ou pessimistes.

Nous allons donc, dans ce premier chapitre, tenter de reprendre cette question, qui est pour ainsi dire la première objection que l'on élève devant tous ceux qui parlent de viticulture dans cette contrée.

La vigne est-elle oui ou non possible en Sologne et dans les sols pauvres du centre de la France ? et, si elle est possible, dans quelles conditions l'est-elle ?

C'est pour arriver à la solution de cette question que nous avons commencé, ainsi que nous le disions plus haut, ce travail par une sorte d'enquête sur ce qui a été fait jusqu'à présent, nous efforçant de savoir si, en cultivant la vigne ainsi qu'on l'a fait jusqu'à présent, on s'était bien conformé aux conditions exigées par cette culture.

Dans son premier ouvrage, sur *la Culture de la Vigne*, le Dr J. Guyot, notre maître à tous, lui qui avait exploré la Sologne en vue d'y créer un vignoble modèle, approprié à la contrée, s'exprime ainsi :

« En affirmant que la vigne convient parfaitement aux terrains délaissés des Landes, de la Sologne et de la Champagne, je n'entends pas dire qu'ils peuvent et doivent être entièrement plantés de vignes : je dis qu'une partie de ces terrains de 1/25 à 1/12 cultivée en vigne, suffirait pour y commanditer perpétuellement l'agriculture proprement dite. »

Même en supposant que le langage du docteur Guyot, soit empreint d'une certaine exagération, nous pouvons affirmer, nous qui sommes témoins des faits qui se passent sous nos yeux, et qui avons visité les vignes en bien des points différents ; nous pouvons affirmer, dis-je, que *les terrains tertiaires qui composent la Sologne*, conviennent parfaitement à la vigne, à *la condition qu'ils ne soient pas trop imprégnés d'eau, et qu'ils n'occupent pas les bas-fonds, où les brouillards s'abattent et séjournent.*

En étudiant le Berry et la Sologne au point de vue de la viticulture, J. Guyot, comme tous ceux qui veulent voir et raisonner ce qui se passe sous leurs yeux, Jules Guyot avait été frappé de ce fait : c'est que dans tous les villages, bourgs, hameaux, fermes et locatures qu'il avait rencontrés sur son chemin, *presque partout il avait observé la treille* s'étalant en berceau, soit sur le devant des maisons exposées au midi, soit dans tous les jardins ou enclos, sous forme de berceaux aussi, mais plus souvent en palissades. Quelques-unes de ces treilles étaient séculaires, mais toutes étaient vigoureuses, produisant des raisins dont la quantité variait avec les années ; et dont la majeure partie servait à faire d'excellentes boissons. Puisque la vigne, disait-il, réussit bien en treilles, produisant de bon fruit, elle doit nécessairement réussir et fructifier comme vigne à vin, si elle est plantée et cultivée avec méthode et convenance, car ce fait seul indique que la vigne est possible dans cette région, et enfin ce qui le prouve de la façon la plus péremptoire, c'est qu'elle y vient bien dans tous les points, là où des hommes intelligents ont bien voulu la planter. Autrefois la vigne prospérait dans toutes les parties de la Sologne, voilà un fait certain et indéniable, car dans maints endroits on en retrouve des souches enfouies dans le sol, et les contrats antérieurs à la révocation de l'édit de Nantes portent pour la plupart la mention de vignes, soit comme comprises dans les exploitations, les locations et les ventes, soit comme désignation de limites aux propriétés mentionnées. Il faut donc supposer que l'émigration d'un grand nombre de propriétaires, le manque de bras et la dent des troupeaux errants dans la campagne ont fait plus de mal ou autant de mal à la vigne, qu'aux bois dévastés par les incendies et la dent des troupeaux ; mais il se peut, et nous croyons notre supposition juste et réelle, il se peut qu'une série d'hivers terribles comme celui de 1880, a pu détruire la vigne comme elle a détruit nos pins maritimes et ainsi apporté la désolation et le découragement dans la population [1].

Qu'on ne croie pas que la vigne en treille gèle moins que la vigne à vin ; il est certain que celles qui sont abritées sont moins exposées, mais nous pouvons affirmer avoir observé, que chaque fois que les gelées printanières ont été intenses, et ont frappé la vigne à vin, la vigne en treilles n'a pas été plus épargnée.

La vigne en treille nécessite si peu de frais et de main d'œuvre (car la taille et l'accolage en forment seuls les frais principaux), que si une ou plusieurs

1. M. Maréchal a annexé au rapport cité plus haut une carte des plus intéressantes, indiquant par des centres bleus tous les points où l'on rencontre la vigne dans la Sologne. On peut voir par là qu'il n'est pas de communes où la vigne n'existe pas et ne puisse pas végéter ; il faudrait aujourd'hui compléter ce travail en faisant voir par des teintes, les étendues des vignobles de la contrée.

années malheureuses se succèdent, on se résigne, on en attend de meilleures ; on ne l'arrache pas. Il n'en est pas de même pour la vigne dont la culture à la main exige tant de frais qu'on se laisse facilement aller au découragement lorsque plusieurs années se succèdent, ne donnant aucun espoir de récoltes.

Mais cultivant la vigne par les méthodes que nous recommandons dans ce petit ouvrage, à la charrue d'abord, puis en pratiquant le buttage, l'enfouissement d'un cornet, et la taille basse ; ou encore en la cultivant en cheintre, c'est-à-dire en taille rampante, on n'a que très peu de frais à faire, et la vigne résiste davantage aux gelées.

Aux petits propriétaires, à ceux qui ne peuvent cultiver un hectare de vigne, à ceux-là nous conseillerons plutôt de planter la vigne en treilles, soit comme bordure de terre ou jardin, ou mieux encore en lignes espacées. Par cette petite culture modeste, l'ouvrier aura toujours ou du vin naturel, ou d'excellente boisson, saine, salutaire et mille fois préférable à l'eau vinaigrée qu'ils boivent, et plus encore aux vins frelatés qui les empoisonnent.

L'excès d'humidité dans le sol et dans l'atmosphère est, nous le savons, en tous temps et en tous lieux défavorable à la vigne.

Cette condition que nous indiquons ici, implique nécessairement que si la vigne peut, d'une manière générale, se convenir en Sologne, on peut, en étudiant les terrains, trouver de nombreux points où elle réussit et où elle peut réussir. Et ce qui le prouve de la façon la plus évidente c'est que dans nos excursions viticoles, nous avons rencontré et observé la vigne, plantée quelquefois dans les plus mauvaises conditions et cependant réussir *quand même.* — Ainsi nous avons vu à 6 kilomètres de Romorantin, sur la route d'Orléans, 3 hectares de vignes plantés dans un bas-fond, près des bords d'un étang et malgré cela, parfaitement végéter et fructifier. — Ce n'est certes pas sur un point semblable que nous eussions jamais conseillé de la planter; mais ce que nous pouvons affirmer, c'est que, *même là,* c'est-à-dire dans les conditions les moins favorables, là, où les brouillards et l'humidité sont en excès, *la vigne y prospère.*

Il est cependant très important, lorsqu'on veut planter de la vigne, aussi bien en Sologne que partout ailleurs, de bien étudier et observer le terrain destiné à recevoir cette plantation. Son exposition, son orientation, et les parties qui l'avoisinent, telles que bois, forêts, les arbres en massifs, les marais, étangs et cours d'eau.

Mais avant d'entrer dans le sujet qui fait l'objet de ce travail, c'est-à-dire la culture de la vigne, essayons d'abord de combattre les objections que nous entendons souvent opposer à l'extension de la viticulture en Sologne.

La plus sérieuse et la plus grave, celle qui se trouve dans toutes les bouches et qui mérite d'être étudiée avec le plus d'attention est celle-ci :

« *La vigne ne peut se convenir en Sologne parce qu'elle y gèle fréquemment.* »

Avant de faire cette objection, on devrait, il me semble, chercher d'abord si la vigne gèle plus fréquemment dans la Sologne centrale que dans le périmètre de cette contrée, là où on la voit s'étendre de plus en plus chaque année ; et si enfin dans cette contrée elle gèle plus souvent que dans les zones qui l'avoisinent.

Voilà certes une question importante et facile à résoudre, et suivant que la réponse sera affirmative ou négative, la question sera résolue.

Eh bien ! d'après nos observations et les enquêtes que nous avons pu faire auprès de tous ceux qui cultivent la vigne aussi bien dans la *Sologne centrale* que dans son *périmètre*, nous pouvons dire : que la vigne *ne gèle pas plus dans la première partie que dans la seconde*. Ou du moins, qu'il en est de la vigne dans cette contrée, comme de toutes celles qui sont cultivées dans les zones environnantes ; cela est si vrai, que chacun a pu voir dans la même région, des enclos qui par leur situation et leur exposition sont plus souvent frappés que d'autres qui les avoisinent [1].

Cela ne s'observe pas seulement en Sologne mais bien dans le Berry, dans l'Orléanais, dans la Nièvre, etc. Qu'on nous prouve, si l'on peut, que lorsqu'il gèle en Sologne, il ne gèle pas dans les pays environnants, et aussitôt nous abandonnons la cause que nous nous efforçons de soutenir, et dont nous ne parlons si affirmativement que parce que depuis bien des années nous avons fait de cette question une étude sérieuse et comparative. — Si parfois le thermomètre a baissé de un ou deux degrés dans quelques points de la Sologne, nous avons retrouvé cette différence dans d'autres points du Berry, parce que ces différences n'étaient dues qu'à des variations d'altitude, à des situations particulières du sol, suivant

1. La commission pour la viticulture en Sologne a pu voir, en 1876, dans la visite qu'elle fit chez M. Dessaint, propriétaire à le Margotière près Nouan-le-Fuzelier, une vigne, qui n'avait nullement ressenti les atteintes des gelées d'avril, alors que les vignesdu Berry et de l'Orléanais en avaient été fortement frappées. Cette année 1881, nous apprenons que dans la Touraine, des gelées printanières se sont fait sentir assez pour nuire à la vigne, tandis que dans le Berry et dans le centre de la Sologne, la vigne a été épargnée.

qu'il avoisinait des vallées, des étangs, des cours d'eau et des bois.

Les hivers et printemps de 1872, 1873, 1874 et par dessus tout le terrible hiver de 1880 que nous venons de subir, n'ont-ils été fatals qu'à la Sologne? — La vigne a-t-elle été plus maltraitée en Sologne qu'ailleurs ?

Voilà certes un point important à élucider, et sa solution suivant qu'elle serait négative ou affirmative devrait faire ouvrir les yeux et apporter la conviction.

Eh bien, après avoir étudié cette question sérieusement, nous avons pu constater que, sous ce rapport, la vigne n'avait pas plus souffert en Sologne que dans le Berry, dans l'Orléanais, la Nièvre et l'Indre; nous avons pu nous assurer au contraire, qu'il y a eu des régions en Sologne, où la vigne avait moins souffert qu'ailleurs; mais cet heureux effet doit être attribué à la culture spéciale des cépages blancs qui composent presque exclusivement les vignes de ces contrées, et qui, traitées par la taille basse, avaient permis à la neige de les recouvrir pendant les périodes extrêmes de froid. Il en a été de même pour toutes les vignes qui sont cultivées comme dans le Berry, Reuilly, Issoudun, etc., et dont les ceps sont placés au fond de sortes de godets ou excavations légères dans la terre, qui se sont emplies de de neige et ont protégé le pied de la vigne.

Si, en 1874, les seigles en Sologne ont été complètement perdus, par les gelées tardives qui ont frappé tous les centres de la France, ces gelées tardives n'ont pas plus épargné les seigles du Berry que ceux de la Sologne, seulement en Berry la perte a été très faible parce que cette céréale n'y est cultivée que sur une petite échelle, tandis qu'en Sologne la culture du seigle y est pratiquée sur une grande étendue.

Nous en dirons autant des désastres que l'hiver de 1880 a fait subir à la Sologne si cruellement frappée par la gelée de ses pinières presque exclusivement composées de pins maritimes ; mais qu'on veuille bien nous dire si les quelques pins maritimes, voire même les cèdres, les welingtonias etc., qui existaient dans les pays qui entourent la Sologne ont été plus épargnés ?

Non certainement, et dans ces régions si les pertes ont été moins sensibles, c'est que les pinières ne constituent pas, comme en Sologne, des étendues immenses de bois et de forêts. Et cependant malgré ces désastres, nous ne sachons pas qu'il soit venu à l'esprit de personne de renoncer aussi bien àla culture du seigle, parce que des gelées tardives sont venues frapper les récoltes, qu'à la culture des pinières, parce que les pins maritimes ont été frappés exclusivement.

Enfin, est-ce que dans la Normandie, la Picardie, dont les pommiers donnent un produit très rémunérateur, on a renoncé, à la culture des pommiers, parce qu'on a eu deux ou trois récoltes de perdues, par des gelées ou par d'autres causes? Non certes, les habitants de ces pays subissent en silence ces pertes, parce qu'ils savent bien qu'une ou deux bonnes récoltes viendront réparer ces désastres.

Mais on a soulevé encore une autre objection, dont on a, nous le croyons, exagéré la portée, et qui mérite cependant d'être étudiée sérieusement. — Cette objection est celle-ci :

N'est-ce pas à cause de l'excès d'humidité renfermé dans le sous-sol, composé d'une argile compacte imperméable, que l'on doit de voir les brouillards si intenses parfois répandus sur cette contrée, et, comme conséquence, le développement des gelées printanières si redoutées?

Nous ne saurions nier évidemment ce qu'a de fâcheux pour la culture en général et pour la climatologie d'un pays un sous-sol recélant une humidité telle, qu'elle constitue parfois des sortes de nappes d'eau souterraines sans écoulement ; mais qu'on nous permette de dire tout simplement qu'on a exagéré énormément l'action soi-disant fâcheuse des brouillards dans la Sologne, et que ces brouillards ne sont pas plus intenses ni plus pernicieux dans ce pays que sur les bords du Cher, de la Loire et de la Seine, où ils sont, Dieu merci, et plus fréquents et plus compacts encore ; et quant à leur action spéciale sur le développement des gelées blanches dites printanières, nous le nions, car, encore une fois, chacun sait que les gelées blanches qui peuvent se développer aussi bien sur les plateaux, sont plus fréquentes dans les bas-fonds, dans les vallées et les dépressions de terrain en général, mais qu'elles ne sont désastreuses pour la végétation et la vigne en particulier, que lorsque ces plantes n'ont aucun abri contre les premiers rayons du soleil levant et qu'elles en reçoivent toutes les atteintes.

Enfin ajoutons que, d'une part, la Sologne cultivée et boisée tend chaque jour à voir diminuer les influences météorologiques qui pesaient sur son sol et sa culture ; et de l'autre, que nous ne pouvons comprendre, ainsi que nous le verrons plus loin, qu'on puisse planter de la vigne en Sologne, sans en assainir le sol, sans le drainer, et par conséquent sans chercher à combattre l'action de l'humidité renfermée dans son sous-sol.

Et ces considérations ne s'appliquent pas à la

Sologne seulement, mais dans toutes les régions du centre de la France, là où le sol recèle un excès d'humidité.

Pour terminer ce qui a rapport à ce sujet, à propos des excès d'humidité du sol et de l'impossibilité d'y cultiver la vigne, qu'il me soit permis de citer un fait d'une grande valeur que nous avons recueilli il y a cinq ans dans une de nos excursions viticoles faites au nom du Comité central, et qu'un de nos collègues, membre de la commission, a bien voulu nous communiquer dans une lettre particulière, pleine de fines observations et de bon sens logique.

« Entre le bourg de Ligny et les bois de Pully, dit M. de la Rocheterie, sur un parcours de quatre kilomètres au moins et sur une égale largeur, s'étendait une plaine de bruyère qu'on appelle *Bremaille* dans le pays, et dont le nom indique une lande au fond d'argile, couverte d'eau en hiver, où les voitures s'embourbaient et où pataugeaient quelques maigres troupeaux.

» Cette plaine, à peu près improductive, fut vendue en détail, et bon nombre de colons, tentés par le bas prix, achetèrent cette lande, s'y installèrent et se mirent à la retourner, semer des légumes *et y planter de la vigne*. Leur travail fut couronné de succès, et dans leur joie ils donnèrent à cette plaine le nom de *Californie*.

» C'est là qu'ils plantèrent de la vigne en lignes espacées de 2 mètres, conduite en treilles, c'est-à-dire allongée sur des perches horizontales ; cette vigne a aujourd'hui 20 ans, produit de bons fruits, elle ne gèle pas plus qu'ailleurs, elle gèle même moins que sur les coteaux. »

Voilà un fait irréfutable et que chacun peut vérifier.

II

CHOIX DU TERRAIN

SA PRÉPARATION — DRAINAGE — FUMAGE AMENDEMENTS

> La vigne peut être établie lucrativement pour produire le vin, partout où l'eau n'est pas stagnante dans le sol.
>
> J. Guyot

« La vigne, dit Jules Guyot, est tellement vivace et puissante dans sa végétation, qu'en tous climats elle laisse voir ses rameaux s'étendre à des distances prodigieuses ; mais il ne suffit pas que la vigne vive, il faut qu'elle donne des fruits, qu'elle les donne abondants, qu'ils soient de bonne qualité et qu'ils mûrissent. »

Et ce qu'il y a de plus remarquable, ajoute encore le maître, « c'est que la vigne s'accommode parfaitement des terrains les plus pauvres, les plus maigres, les plus arides, *pourvu qu'ils ne soient pas imprégnés d'eau, et qu'ils n'occupent pas les bas-fonds où les brouillards s'abattent et séjour-*

nent; car l'excès d'humidité est également et en tous lieux défavorable à la vigne. »

Il faut en effet que la vigne ait une puissance de végétation bien remarquable, une grande force de résistance, pour produire et fructifier ainsi que nous le voyons en Sologne, dans des terrains imprégnés d'eau et jusque dans les bas-fonds, là où enfin on l'a plantée sans précautions préalables, l'abandonnant à sa vitalité, à sa riche végétation et beaucoup à la grâce de Dieu, ainsi qu'à l'action très aléatoire du sol et du climat.

Choix du terrain :

A défaut de coteaux, chose rare en Sologne, il faut choisir pour planter de la vigne, les terrains qui sont les mieux exposés et orientés au sud-est, au sud, au sud-ouest, ayant le plus de déclivité possible pour l'écoulement des eaux. On évitera, autant qu'on le pourra, le voisinage des cours d'eau, des étangs, et de ces vallées appelées en Sologne *des coulées*. Bien que nous ayons rencontré plus d'une vigne plantée dans ces fâcheuses conditions, végéter plus ou moins bien, elles sont exposées à être parfois cruellement éprouvées, et nous ne saurions jamais assez insister pour conseiller de les éviter.

La proximité d'un bois, peut, suivant sa si-situation, son éloignement sa distance, être nuisible ou favorable. Trop entourée de bois, la vigne gèlera plus fréquemment qu'en plaine à cause des vapeurs et des brouillards qui, en s'y condensant, tombent sur elle sous forme de rosée très froide, trop près d'un pré, d'un champ de seigle, d'une haie vive, la vigne gèlera encore par cette même raison ; voilà surtout ce qu'il faut éviter.

Par contre, il est des conditions dans lesquelles la vigne pourra parfois être protégée par le voisinage d'un bois ; ce sera par exemple, lorsque celui-ci étant situé au levant et à une certaine distance, il garantira la vigne des premiers rayons du soleil, toujours pernicieux lorsqu'il existe des gelées blanches.

Dans d'autres cas encore, si le bois est situé au nord, il pourra, vers l'époque du printemps, alors que les bourgeons commençent à se développer et s'ouvrir, les protéger des vents froids du nord, lorsqu'ils soufflent de ce point.

Après le choix du *terrain*, pour planter de la vigne, nous disons que la première opération à faire est d'abord : *de défoncer le sol par un labourage* aussi profond que possible ; sa nature indiquera quel genre de charrue il faut prendre pour cette opération ; une charrue ordinaire suffira généralement. On peut, dès lors, donner à la terre tous les engrais et amendements dont elle a besoin, mais nous préférons, ainsi que nous allons le dire dans un instant, drainer, fumer et amender tout à la fois en plantant la vigne.

Lorsque le sol aura été labouré, hersé, roulé, nivelé et drainé, on procédera à la plantation.

Mais avant d'indiquer comment la vigne doit être plantée, parlons du drainage, comme nous l'entendons, comme nous le pratiquons, et qui est tout à la fois *assainissement, fumure et amendement.*

Ceci est un point des plus essentiels et que nous ne saurions trop recommander à tous ceux, sans exception, qui veulent planter de la vigne aussi bien en *Sologne* que *dans tous les terrains dont le sous-sol est argileux compacte et imprégné d'humidité.* La préparation du sol nous semble tellement importante que nous en faisons une condition *sine qua non*, du succès. — En Sologne, elle est d'autant plus facile et moins coûteuse, que les matériaux y sont répandus à profusion.

Drainage. — Cette opération consiste à ouvrir entre chaque rang de vigne plantée ou à planter, un fossé de 50 à 60 centimètres de profondeur, sur 40 de largeur, pénétrant au moins jusqu'à la couche d'argile compacte.

(Nous supposons les rangs de vigne espacés de $1^{m}40$ à 2 mètres).

Lorsque ces fossés sont terminés, on jette au fond, des bourrées ou fagots de *branches de pins*, de *bruyères, de genêts* ou d'*ajoncs* si faciles à se procurer en Sologne ; puis on rejette par-dessus, la terre qui avait été tirée ; une fois ces fossés comblés, on complète l'opération en répandant dans tous les rangs, soit de la marne, de la chaux ou des superphosphates de chaux : car nous considérons le calcaire comme un élément des plus indispensables pour donner de la qualité au raisin et par conséquent au vin qui, dans ces conditions, peut vieillir sans s'altérer.

Une vigne plantée en Sologne, dans un terrain à sous-sol argileux, préparée ainsi que nous venons de l'indiquer, réussira toujours; tandis que plantée dans un sol sablonneux, profond et sans argile, elle végétera péniblement, poussant beaucoup en bois, mais donnant peu de fruits. Il en sera de même si avec l'argile on n'a pas pratiqué le drainage. — Le sol argileux convient à la vigne en Sologne, mais à la condition d'être drainé ; tandis que sans argile dans un sable trop profond qui se dessèche toujours en été, la vigne périra.

Pour faire comprendre l'importance d'un sous-sol argileux pour la viticulture, nous avons entendu des paysans se servir d'une expression des plus propres pour rendre leur pensée ; en parlant de terres sablonneuses, profondes, sans argile, ce sont, disent-ils, *des terres sans cervelle.*

Mais il ne faut ni excès d'humidité, ni excès de sécheresse. Le drainage, établi dans les sous-sols argileux, devient une sorte de compensateur, qui maintient le sol dans un équilibre parfait.

A notre point de vue, il est bon de ne répandre le calcaire qu'après la troisième année, c'est-à-dire à l'époque où la vigne va produire et fructifier, autrement ce serait perdre trois années, le calcaire ne faisant sentir son action que pendant dix ou douze ans.

Mais le calcaire, nous le répétons, a surtout pour effet de donner de la qualité au raisin, et non de faire végéter ni fructifier davantage la vigne. — Nous avons pu voir des viticulteurs en Sologne, qui, trop confiants dans les avantages du calcaire, avaient comblé leur terrain de cet élément, sans avoir pris soin de drainer et d'assainir, qui ont assisté au dépérissement progressif de leurs vignes qui ont fini par mourir.

Aussi, quand nous avons entendu un des membres distingués du comité central présenter contre la viticulture en Sologne cette objection : que la vigne ne réussira jamais dans la partie centrale de cette contrée, parce que la composition chimique du sol n'est pas la même que celle qui constitue son périmètre, à moins, ajoutait-il, qu'on y apporte des calcaires et surtout des superphosphates ; nous n'avons pu nous empêcher de dire et de démontrer que, malgré le calcaire, que nous regardons comme un élément excellent, la vigne échouera si on n'assainit pas, si on ne draine pas, et si enfin on ne plante pas suivant les indications rationnelles que nous indiquons plus loin.

Mais pour réfuter complètement l'objection de notre collègue et démontrer que la composition chimique du sol est loin d'avoir l'importance qu'il lui attribue ; mais que, bien au contraire, le succès de la viticulture dépend surtout de l'assainissement du sol, du mode de culture, etc., il nous suffira de comparer la vigne et le sol sur lequel elle est établie, entre Villefranche par exemple, puis à Cheverny, à Villeherviers, à Marcilly-en-Gault, et enfin Vouzon où elle présente une belle végétation et fructifie parfaitement [1]. — Pour nous, nous ne voyons aucune différence chimique dans la composition du sol des vignes de Cheverny chez M. Mangon et dans celui de Villeherviers chez M. Cornu.

1. La vigne que notre collègue M. Compoint a plantée près de Neuvy, et *qui végète admirablement,* se trouve située dans un sol des plus maigres, qu'un des membres de la commission caractérisait en voyant des moutons qui se suivaient de près, et disant que ces animaux ne paissaient ni ne broutaient, mais qu'ils erraient pour chercher un brin d'herbe.

Chez tous les deux le sol est sablonneux, pauvre, mais le sous-sol est argileux et chez l'un comme chez l'autre, on y a appliqué le drainage. A Marcilly-en-Gault, où le sol est plus pauvre encore s'il est possible, la vigne y végète bien, y fructifie même dans les points où le sol n'est ni assaini ni drainé, ni marné ; mais elle fructifie mieux dans ceux qui le sont.

Reste à indiquer quelles sont les quantités de calcaire qu'il convient de mettre par hectare de vignes à créer ou déjà créés.

Si c'est de la chaux que l'on veuille employer, 20 mètres cubes à l'hectare suffiront, à 5 fr. le mètre, soit : 100 fr. par hectare.

Si c'est de la chaux, 70 hectolitres suffiront, à 2f,50 soit : 175 fr.

La chaux doit être employée mélangée à de la terre légère.

Enfin, si ce sont des superphosphates, 900 kil. par hectare seront suffisants, à 9f50 les cent kil., soit : 144 fr. par hectare[1].

A l'exemple du comte Odart, de J. Guyot et d'un grand nombre de viticulteurs, nous aussi, nous pensons que généralement les terrages sont préfé-

1. Ces proportions nous sont données par notre collègue M. Pinçon, agriculteur très distingué, membre du comité central de la Sologne.

rables pour la végétation et la fructification de la vigne et qu'il faut se garder de lui apporter des fumiers ou de ces engrais trop animalisés qui ont la puissance, il est vrai, de la faire pousser vigoureusement, en bois d'abord, et quelquefois en raisins; mais qui ont par contre le grave inconvénient de rendre le raisin mou, avec tendance à la pourriture et par conséquent de donner au vin de très médiocres qualités qui contribuent à le faire gâter promptement.

De même que J. Guyot proscrivait d'une manière absolue le provignage des vignes, qui ne peut se faire qu'avec un excès de fumier répandu dans chaque fosse, de même aussi il proscrit les fumures abondantes provenant de fumiers d'étables et d'écurie. On se trompe grandement, dit-il, lorsqu'on croit que le provignage augmente la fertilité de la vigne, il l'épuise plutôt qu'elle ne lui profite.

Les provins donnent, il est vrai, abondamment la première année, moins dans la seconde année, très peu et pas du tout pendant la troisième et la quatrième année, à moins qu'on ne l'excite par excès de fumure.

Pour nous, nous disons que le mode le meilleur pour apporter à la vigne et au sol l'amendement qui lui convient, c'est d'introduire tous ces éléments par le drainage, c'est-à-dire en mettant dans les fossés des bourrées de pins, de genévriers, de genêts ou d'ajoncs et en y ajoutant, bien entendu, l'élément calcaire lorsque ce dernier manque dans le sol. — Par cette méthode, l'amendement du sol peut durer de douze à quinze ans, sans qu'on soit obligé de le renouveler pendant toute cette période.

Disons cependant que lorsque l'on n'a pas pratiqué le drainage fumure comme nous l'indiquons (ce qui n'est pas toujours possible suivant la nature et les conditions du sol), le meilleur mode à employer pour amender la vigne est de répandre tous les cinq ou sept ans des composts, des terrées, etc., et pour que cette opération soit facile et fructueuse, il s'agit d'apporter vers la fin de l'hiver, avant de pratiquer le labourage du printemps qui doit débuter la vigne, d'apporter disons-nous, dans les rangs les amendements réservés à cet effet, et de les répandre dans le sillon du milieu ou pour mieux dire de la rigole qui a servi à l'assainissement de l'hiver.

La charrue en déchaussant le pied de la vigne recouvre de terre ces amendements, qui peu à peu sont absorbés par les chevelus et nourrissent la vigne.

III

PLANTATION

> Tous les ouvriers travailleurs à la terre hommes, femmes, enfants, sont propres à planter la vigne et à la conduire mécaniquement sous une bonne direction.
>
> J. Guyot.

Le terrain ayant été choisi et préparé ainsi que nous venons de le dire, comment doit-on planter la vigne : en ligne ou en foule, autrement dit très pressée en rang ou en désordre ?

Quel que soit le mode de culture que l'on veuille adopter, que ce soit à la charrue ou à bras, nous disons qu'il est préférable à tous les points de vue de planter la vigne en ligne ; si c'est à bras que l'on cultive, on doit placer les ceps à une distance minimum de un mètre carré ; si c'est à la charrue, ils doivent placer à un mètre 50 dans la ligne, et à un mètre 50 entre les rangs.

La vigne, qu'on le sache bien, *a besoin d'autant d'espace pour étendre ses racines et ses chevelus, qu'elle a besoin d'espace dans l'air pour y étaler ses rameaux et vivre au soleil;* nous ne craignons pas d'ajouter, que plus cet espace sera grand pour ses pieds et sa tête, plus la vigne prospérera. — Une vigne plantée à 10,000 pieds par hectare, produira plus qu'une vigne plantée à 40,000 pieds, (J. Guyot, page 27).

On ne doit cultiver à bras que les parcelles de vigne d'une étendue de moins d'un hectare, et alors les ceps doivent être plantés à un mètre carré de distance; mais une vigne d'un hectare d'étendue, doit surtout être cultivée à la charrue, et les ceps espacés les uns des autres de un mètre dans la ligne et de *un mètre quarante, à deux mètres* entre les rangs.

Voilà la mesure moyenne qui doit être adoptée, dans la plantation de la vigne; ce qui ne nous empêche pas d'avancer, parce que nous l'avons vu et observé, qu'une vigne espacée à trois mètres dans les rangs et à 2 mètres dans la ligne pourra produire plus encore que celle à un et deux mètres, toujours par cette même raison facile à comprendre pour peu qu'on veuille raisonner; c'est que le pied et les racines peuvent s'étendre et s'étaler dans tous les sens pour y prendre leur nourriture ; et la vigne donnera une quantité de fruits en rapport avec l'extension de ses racines.

Dans la vigne cultivée en chaintre, ainsi que nous le dirons plus loin, la véritable distance pour la planter est de *quatre et cinq mètres carrés* entre les rangs ; dans ces conditions, ainsi qu'on peut aller s'en assurer à Chitenay, Montrichard, etc., la vigne rapporte en moyenne de 80 à 100 pièces à l'hectare.

Si, comme nous l'indiquons, on adopte pour la vigne, la culture à la charrue, dirigée sur échelas ou fils de fer, on devra préférer comme distance moyenne, la mesure de 1 mètre dans la ligne et de 1m 50 à 2 mètres entre les rangs ; et alors après avoir tracé les lignes au cordeau et avoir marqué les points où les ceps devront être plantés au moyen d'une petite fiche ou d'un coup de pioche, on procède à la plantation.

On peut planter en bouture, broches ou crosses, (on appelle ainsi un fragment de sarment choisi à l'époque de la taille, de la longueur de 50 à 60 centimètres, sur lequel on a préparé le développement du chevelu en l'enfouissant dans la terre pendant plusieurs semaines), où enfin on peut planter un chevelu d'un an ou deux ans, en prenant ces mêmes plants qu'on aura mis en pépinière. — Lorsqu'on a du temps devant soi, il vaut mieux préparer son chevelu soi-même, sinon, on aura plus d'avantage à planter en boutures ou crosses. Il est des années où la crosse réussit admirablement, produit des fruits à la troisième année, mais surtout à la quatrième.

Si la plantation se fait par bouture, on pratique un simple trou à l'aide d'un long plantoir en fer ou en bois, ayant une longueur de 0m80c environ, on y introduit la bouture et on presse la terre autour au moyen de ce même plantoir ; le trou doit avoir 0,40 centimètres de profondeur environ et on doit laisser sortir le bout de ce sarment ou bouture de 0,10 centimètres à peu près.

Si au contraire on plante en chevelu, il faut préparer à chaque point indiqué, une petite fosse ou auget de 30 ou 40 centimètres de long sur 20 de large et d'autant de profondeur, et coucher le chevelu presque tout entier et obliquement dans la petite fosse, pour n'en laisser sortir l'extrémité qu'au point où le cep doit, pour ainsi dire, prendre naissance.

Si on a du terreau, on en recouvre les chevelus et on remplit la fosse avec la terre qui en avait été extraite.

Que ce soit en bouture ou en chevelu que l'on plante, nous recommandons d'employer le mode suivant, qui, selon nous, garantit le succès de la plantation.

Lorsqu'on a extrait des fosses les boutures qui y étaient enfouies et dans lesquelles les radicelles commençaient à se développer, ou lorsqu'on a enlevé des pépinières les chevelus qui s'y préparaient depuis un an ou deux ; on doit faire tremper les boutures ou chevelus dans un seau contenant un mélange épais de purin ou de guano avec de la terre un peu argileuse. Les chevelus ou radicelles sont enveloppés de cette matière semi-liquide, qui forme autour d'elle comme une sorte de pralinage, contenant les éléments nécessaires pour assurer la fertilisation ; on peut encore avoir un arrosoir plein de cette sorte de liquide, en verser quelques cuillerées dans le trou lorsqu'on y a introduit la bouture.

La plantation en bouture se fait généralement à la fin d'avril et au commencement de mai ; la plantation en chevelu a cet avantage, au contraire, de pouvoir être faite à la fin de l'automne, depuis le commencement de l'hiver, jusqu'au mois de mai. — Dans le Bordelais et beaucoup d'autres pays, la plantation se fait presque exclusivement par bouture et avec succès.

Comme la vigne n'entre en rapport qu'à la troisième année, il est bon, pendant les deux premières années, afin d'indemniser des frais de plantation, de semer des haricots et des pommes de terre entre chaque pied de vigne dans le rang ; la culture nécessitée par ces légumes profite à la vigne et indemnise le vigneron.

Généralement, lorsque ces plantations sont bien faites, et ajoutons lorsque les années sont favorables, pas trop sèches, il n'en manque guère que 50 pieds par mille.

IV

DU CHOIX DES CÉPAGES

> La connaissance et le choix judicieux du cépage, voilà la base du progrès viticole.
>
> J. GUYOT.

Ce chapitre concernant les cépages qui doivent préférablement être choisis pour être plantés dans la Sologne n'est pas, nous le croyons, le moins important, car c'est du choix des cépages que dépend le succès de la viticulture.

Bien que nous pensions, parce que nous l'avons vu, que le plus grand nombre des cépages peut réussir dans cette contrée, nous croyons cependant qu'il y a un choix à faire et qu'on ne saurait planter indistinctement ceux-ci ou ceux-là, en suivant les conseils de ceux qui ne se guident que par la routine ; car c'est pour avoir vu des vignes plantées dans ces conditions, et dont les résultats ont été déplorables, que nous pensons être utiles en donnant ces indications.

Nous ne saurions non plus assez le répéter : *c'est le bon cépage qui fait le bon vin*, et par bon cépage, nous entendons celui qui donne non seulement du fruit, mais qui arrive à une maturité convenable, procurant à la fois qualité et quantité.

Avant de dire quels sont les cépages que l'observation attentive nous recommande de préférer, voyons d'abord quels sont ceux qui sont les plus usités dans le pays, et cherchons si parmi ces derniers il n'en est pas qu'il faut rejeter et d'autres conserver. — Comme nous écrivons en vue de la viticulture en Sologne, nous commencerons par examiner quels sont les cépages cultivés autour de Romorantin, car, pour nous, le sol de Romorantin et de *ses environs* nous représente le type de la région où nous recommandons la viticulture.

A Romorantin, c'est l'auvernat gris, ou meunier, qui, comme dans l'Orléanais, constitue les trois quarts des vignes pour vin rouge. Avec ce cépage on rencontre :

1° — Le gascon, mondeuse ou persagne [1].

1. Dans son ouvrage ampellographique sur le traité des cépages, le comte Odart dit que le gascon fait partie de la tribu des grosjots. Son nom varie suivant le pays, car on lui donne aussi le nom de *Lignage* dans le Loir-et-Cher, cépage illustré par Boileau. — Il est appelé gros-morillon dans Indre-et-Loire ; — petite-parde dans la Gironde. — Dans l'Isère on le nomme *tachat*.

2° — Le cot ou cahors, qui n'est en résumé que le malbech à queue rouge et verte (cépage robuste, dit le comte Odart).

3° — La grosse-noire, ou gamay ; très productif mais de très médiocre qualité.

Enfin le teinturier d'Espagne, ou gros-noir, donnant une forte couleur au vin, mais contenant très peu d'alcool. Ce cépage est très cultivé sur les bords du Cher et de la Loire, et c'est à lui que les vins de cette contrée doivent cette coloration si prononcée, très recherchée par les marchands de vins pour faire des coupages.

CÉPAGES BLANCS.

Les cépages blancs sont plus productifs que les cépages rouges ; ils sont aussi plus rustiques, ca cette année ils ont mieux résisté aux gelées si rudes de l'hiver 1879-1880, que les cépages rouges. — Les cépages blancs que l'on rencontre dans cette région, sont:

1° — Le gros pineau de la Loire, appelé le Romorantin, cépage très productif.

2° — L'orbois ou arbois appelé chenin ou mélier du Gâtinais.

3° — Le Gouais.

4° — La folle-blanche ou blancheton, très cultivé

dans les Charentes pour faire les eaux-de-vie. J. Guyot raconte qu'en 1816 la Sologne fournissait d'excellentes eaux-de-vie avec ce cépage, et que ces eaux-de-vie pouvaient rivaliser avec les cognacs.

Les cépages que nous venons d'énumérer sont ceux que l'on rencontre le plns communément en Sologne, et comme nous le disons plus haut, ce sont ceux qui constituent les vignobles ordinaires du pays.

Mais chez les viticulteurs intelligents, parmi lesquels nous citerons surtout le regrettable M. J. Cornu, qui a créé un vignoble des plus remarquables à Champviou dans la commune de Villeherviers, dans le sol même de la vraie Sologne ; nous avons pu voir que là même, les plants fins du Médoc et de la Bourgogne y réussissent très bien, produisant à la fois qualité et quantité.

M. J. Cornu n'a pas craint de planter avec le cot ou malbeck, le carbenet, le merlot ; mais encore l'auvernat noir ou pineau noirien de la Bourgogne, et la syrrha de la Côte-d'Or, d'où vient le vin de l'Hermitage.

Parmi les cépages blancs, nous avons vu aussi le sémillon blanc du Médoc, qui fait partie des cépages qui font le sauterne : ce cépage a été introduit depuis longtemps à Cheverny par M. le marquis de Vibraye qui en fait un vin blanc des plus remarquables.

En voyant tous ces cépages végéter admirablement et produire tous des fruits, les bons comme les mauvais, on se demande non sans raison, comment il se fait qu'un si grand nombre de viticulteurs, en Sologne comme dans le centre de la France, persistent malgré cela à cultiver des cépages ne produisant qu'un vin médiocre. — Car, nous l'avons dit; et nous le démontrerons, *c'est le bon cépage qui fait le bon vin.* Mais hélas! c'est que rien n'est plus tenace et plus aveugle que la routine, le raisonnement le plus net et le plus clair n'y fait rien; c'est à peine si l'exemple peut suffire à éclairer et entraîner.

Le viticulteur intelligent doit donc, selon nous, et avant tout, rechercher les cépages qui, donnant à la fois qualité et quantité, sont rémunérateurs. — Nous ajoutons cependant qu'il est des conditions essentielles qu'il ne faut pas négliger lorsqu'il s'agit de créer une vigne et de faire le choix des cépages qui doivent la constituer ; n'oublions pas que ce sont le plus souvent les gelées tardives qui sont l'ennemi le plus terrible, non pas seulement de la Sologne, mais du centre de la France ; et cherchons s'il n'est pas possible dans le choix des cépages d'éviter ou d'atténuer ce fléau.

En d'autres termes, existe-t-il des cépages pouvant résister aux gelées tardives ?

Cette question est trop importante pour que nous l'ayons laissée de côté ; mais nous ne craignons pas d'avancer qu'après bien des recherches et des enquêtes, nos investigations sont restées négatives. — Tout ce que nous pouvons dire, c'est que selon que le cépage a une végétation hâtive ou tardive, il craint plus ou moins les gelées printanières ; mais si les cépages tardifs offrent cette compensation de craindre moins les gelées parce que les bourgeons se développent plus tard, ils ont cet immense désavantage de mûrir tardivement et quelquefois, pas du tout. C'est ce que nous présente entre autres le jurançon ou kiliate, ou quillat, qui est assez tardif, et par conséquent peut échapper aux gelées, est très productif, mais ne mûrit presque jamais complètement dans nos pays. — D'après ces avantages et ces désavantages, ce qui aujourd'hui nous semble indispensable dans la création d'une vigne, c'est d'avoir tout à la fois des cépages hâtifs et des cépages plus tardifs, car suivant les saisons, on obtient ainsi une compensation des plus avantageuses [1] : et ce conseil

1. En recommandant de planter dans un même clos, des cépages hâtifs et des cépages tardifs comme sécurité des récoltes ; n'oublions pas de dire qu'un des points les importants est d'éviter

que nous donnons ici ne s'applique pas seulement à la Sologne, mais au centre de la France viticole, parce qu'ainsi que nous l'avons dit les gelées tardives, ne frappent pas plus l'un que l'autre ; et qu'en résumé puisque nous voyons tous ces mêmes cépages du Berry, de l'Orléanais réussir dans la Sologne, nous ne voyons pas pourquoi on chercherait des cépages particuliers et spéciaux pour ce pays.

Voici donc quels sont les cépages que nous conseillons de planter dans la Sologne, et dans le centre de la France ; en insistant encore une fois sur les conditions que nous avons indiquées au chapitre *Plantation* afin d'obtenir un succès assuré, et afin de mieux préciser et de montrer l'importance du choix des cépages, nous allons donner par catégorie, le nom de ceux qu'il convient de planter pour obtenir telle ou telle qualité de vin.

CÉPAGES POUR VIN ROUGE.

PREMIÈRE QUALITÉ.

Pinaud noirien, ou auvernat noir.
Malbeck, ou cot, à queue rouge ou verte.

de mélanger tous ces cépages, mais bien de les planter séparément, afin de pouvoir récolter facilement avant les autres, ceux qui mûrissent les premiers.

Carbenet.
Merlot.
Semillon blanc.
Petit sirrha.

— Tous ces cépages ne sont pas indispensables, mais trois ou quatre espèces sont nécessaires ; un peu de raisin blanc est utile dans une très petite proportion pour adoucir la qualité du vin.

DEUXIÈME QUALITÉ

Pour la 2me qualité, bonne aussi quoique moins fine, nous conseillons :

— Le *cot* ou *malbech ;* cette espèce est très fertile et rustique ; c'est ce cépage qui constitue la vigne cultivée en chaintre, vers Montrichard, Pontlevoy, Chissay, etc.

— Le *meunier* ou *auvernat gris*, espèce de pinot formant la presque majorité des vignes de l'Orléanais, donnant un vin très léger et ne se conservant pas lorsqu'il est seul ; mais ajouté au *cot* il fait un bon vin.

— Le *Lyonnais*, gamai du Beaujolais, fertile, résistant.

— Le *Gascon de l'Orléans*, tribu des grolots, qui est une sorte de lignage, appelé aussi *Grolot de Saint-Marc*.

CÉPAGES BLANCS POUR VIN BLANCS

PREMIÈRE QUALITÉ

Le sémillon blanc du Bordelais, un des cépages les plus renommés de Sauterne.

Le pinaud de Vouvray.

Le mélier du Gâtinais.

La folle blanche ou blancheton.

Le sauvignon blanc muscat,

DEUXIÈME QUALITÉ

Le gros pinot blanc, appelé Romorantin.

L'orbois ou arbois,

Le gouais.

La folle blanche,

Le pinaud d'Aulnis.

Le mélier.

Tels sont les cépages que nous pensons devoir indiquer; et si nous en conseillons la plantation, qu'on soit bien persuadé que ce n'est qu'après avoir bien vu et observé qu'ils réussissent et qu'ils donnent un résultat satisfaisant.

Dans les rapports publiés dans le Bulletin du comité central, nous avons donné comme exemple de produit rémunérateur de la vigne, la plantation des cépages blancs de Cheverny chez M. H. Mangon, lesquels sont ceux que nous classons dans la deuxième catégorie, et qui donnent jusqu'à 100, 110 et 128 pièces à l'hectare.

Les cépages blancs sont, ainsi que nous l'avons dit, beaucoup plus résistants que les cépages rouges plus productifs aussi, et la taille qui n'est pas non plus la même que celle pratiquée pour les cépages rouges, contribue beaucoup à l'augmentation de la production. Disons enfin que ces cépages, plus tardifs et mûrissant plus tard, demandent généralement à être vendangés plus tard.

V

CULTURE DE LA VIGNE

FAÇONS QU'IL CONVIENT DE LUI DONNER — INSTRUMENTS QUI DOIVENT ÊTRE EMPLOYÉS POUR CE TRAVAIL

> La culture en lignes est, pour la vigne, la meilleure des cultures.
>
> J. GUYOT.

Les cépages choisis et la vigne plantée suivant les indications que nous venons de donner, laissons-la pousser et croître, afin de pouvoir parler convenablement de la taille qu'il convient de lui donner, pour l'aider à se développer et fructifier avec avantage ; et voyons comment on doit la cultiver, c'est-à-dire de quelle façon on doit travailler la terre pour aider la vigne dans sa végétation et sa fructification.

Nous l'avons dit déjà et nous le répétons : à moins de conditions exceptionnelles, tout clos ayant au moins un hectare d'étendue, ne doit plus être cultivé qu'à la charrue; l'augmentation de la main d'œuvre, la rareté des bras, ne peut plus permettre aujourd'hui un autre mode de culture; vouloir faire autrement, c'est-à-dire cultiver à bras, serait une duperie.

C'est donc à la charrue qu'il faut avoir recours pour cultiver et façonner la terre. La charrue que l'on doit employer pour ce travail doit être aussi simple que possible : si le sol est léger, on peut se servir d'une simple araire, sans avant-train, ni coutre, ni versoir; si au contraire le sol est argileux, fort et résistant, on devra employer la charrue ordinaire, sans avant-train mais avec versoir modifié [1].

Avec une charrue vigneronne bien faite, on peut, si l'on veut, avec ce seul instrument, butter, débutter et faire au besoin les labours complets:

Pour cultiver une vigne à la charrue, il faut, ainsi que nous l'avons dit, laisser entre les rangs un espace d'au moins 1 mètre 40 centimètres. — Pour les deux premières années, il n'y aura à donner que deux façons ; au commencement de l'hiver

1. On trouve dans la maison Renaud-Goin, fabricant à Sainte-Maure (Indre-et-Loire), non seulement les charrues vigneronnes, mais tous les autres instruments indispensables à la viticulture, dont nous parlons dans ce chapitre.

pour chausser la vigne, la préserver de la gelée, et à la fin de l'hiver, au moment de la taille ; car le viticulteur, pour s'indemniser des frais qu'il devra faire pendant ces deux premières années, alors que la vigne ne donne aucun produit, devra planter et semer entre les rangs et même entre les ceps, soit des haricots, des pommes de terre, des fèves ou des lupins, etc., toutes plantes demandait il est vrai, à être sarclées et travaillées à la main, mais leur produit est assez rémunérateur pour compenser les frais de culture des deux premières années.

La troisième année, autrement dit la troisième feuille, la vigne pouvant déjà donner une petite récolte, on devra cesser toute culture, pour abandonner le sol à la vigne seulement. C'est alors que les façons doivent être exclusivement réservées pour cette plante.

Le premier labourage, fait avec une charrue vigneronne ou une butteuse, doit être pratiqué peu de temps après les vendanges; il est bon de ne pas attendre trop tard, eu égard aux pluies abondantes qui pourraient survenir, et aux fortes gelées qui en vous surprenant arrêteraient ce travail et exposeraient la vigne à être perdue comme pendant l'année 1879-1880. — La charrue a pour effet, dans cette façon, en s'approchant le plus près possible de la ligne et des pieds des ceps, de rejeter la terre sur ces pieds, de les enfouir et de les préserver de la gelée intense des hivers ; suivant l'espace compris entre les deux lignes de vigne ; la charrue devra passer trois, quatre et cinq fois ; le dernier passage de la charrue doit tracer un sillon profond au milieu du rang pour servir à l'écoulement des eaux pluviales, et par conséquent à l'assainissement de la vigne.

C'est dans ce même sillon que ceux qui veulent fumer et amender leur vigne autrement que nous l'avons indiqué par l'enfouissement de végétaux et de calcaire, jettent à la fin de l'hiver le fumier ou les amendements réservés pour cet usage, et qui sont ensuite enterrés par le second labour.

Ce second labour se fait généralement dans le mois de février ou de mars, à l'époque de la taille ; il consiste, ainsi que nous l'avons dit, à déchausser ou débutter la vigne, c'est-à-dire à rejeter la terre qui recouvrait les pieds et à niveler tout le sol d'entre les rangs. — Ce labourage se fait comme le premier, mais en sens inverse, car dans celui-ci on fait disparaître tout sillon d'assainissement.

C'est après ce second labourage que l'on taille la vigne, puis après qu'on l'acolle, en fixant le ou les sarments appelés aussi verges, coursons, ou branches à fruits, réservés par la taille, au fil de fer ou à l'échalas.

Pour le reste des façons à donner, on ne se sert plus de la charrue ; c'est à la paroire et à la herse ou au scarificateur qu'il faut avoir recours ; car il ne s'agit plus que de nettoyer le sol, et de faire disparaître toutes les mauvaises herbes qui peuvent se développer dans le courant de l'été, et qui bientôt auraient envahi le terrain si l'on ne faisait ces opérations.

Si la vigne se trouve plantée dans une terre légère, la paroire suivie de son râteau sera suffisante ; si au contraire la vigne est plantée en terre forte, argilo-siliceuse, là surtout où les chardons poussent avec vigueur, plongeant dans le sol leurs racines pivotantes, il conviendra d'employer une petite herse faite exprès, et à laquelle on adopte, suivant les besoins, des dents de scarificateur ; et lorsque cet instrument a passé une fois ou deux entre les rangs, la paroire suffit pour enlever le reste.

Lorsque l'été est sec, deux façons avec la paroire devront nettoyer la vigne ; si au contraire l'été est pluvieux et humide, et suivant aussi la nature du sol, dans lequel l'herbe pousse avec plus ou moins de force, il faudra faire jusqu'à trois et même quatre façons à la paroire, mais généralement deux façons suffisent.

Après chaque labourage, il est un travail qui ne peut être fait qu'à la main ; car, si près de la ligne et du ceps que peut passer la charrue, il est en- ore un espace de 0,15 à 20 centimètres qui res- cerait inculte ; il faut donc qu'un ouvrier, avec une houe ou un sarcloir, travaille cette petite ligne de terre afin qu'en enlevant les herbes qui y sont pous- sées le sol se trouve ameubli. Ce sarclage ou bi- nage est assez rapidement fait, et il est indispensa- ble, chaque fois que la charrue a terminé son travail.

Si le vignoble à créer est d'une grande éten- due, comprenant un certain nombre d'hectares, on peut diminuer la main d'œuvre et la restrein- dre plus encore; mais alors il faut que la vigne soit plantée en quinquonce et soit dirigée sur un seul échalas. La charrue, dans cette condition, peut alors passer en tous sens, en long et en large, ne laissant autour de chaque cep qu'un petit espace carré de 15 centimètres environ.

Telles sont les quatre façons indispensables à faire pour cultiver le sol à la charrue. L'avantage de ce genre de culture est considérable, si l'on veut envisager la rapidité avec laquelle les divers tra- vaux sont faits, et l'économie de main d'œuvre qui en résulte.

Un homme et un cheval suffisent pour cultiver

une vigne dans une terre légère ; il est même des terres en Sologne pour lesquelles un âne ou même une ou deux vaches seraient suffisantes. Comme il n'est pas de ferme si petite qu'elle soit, qui n'ait un ou deux de ces animaux, on voit avec quelle facilité on peut pratiquer la viticulture. Quel que soit l'animal qu'on emploie pour ce travail, il sera dressé en peu de jours, pour peu qu'on veuille y apporter de la bonne volonté. Pour les premiers jours, il est bon qu'un homme ou un jeune garçon, tienne le cheval par la bride; si la vigne est en pleine végétation, il est prudent de mettre une muselière ou filet à la bouche de l'animal, autrement il brouterait la vigne et la détruirait.

Il convient également d'avoir un harnais spécial des plus simples [1], pour éviter le palonnier ordinaire, qui ne manquerait pas de s'accrocher aux échalas aux fils de fer, et aux pampres de la vigne et par là causerait beaucoup de dégâts.

Tout ouvrier qui sait conduire un cheval, peut faire ce petit travail à la charrue, surtout si le sol est léger et si l'espace des rangs est convenable.

1. On trouve des harnais spéciaux pour la vigne là même où se trouvent les instruments aratoires.

VI

TAILLE DE LA VIGNE

> Chaque cep doit porter tous les ans au moins, une branche à bois et une branche à fruit.
>
> J. Guyot.

Aussitôt après avoir planté, on doit généralement tailler la bouture ou le chevelu, en ne laissant au-dessus du sol qu'un ou deux yeux : telle est la taille de la première année.

La taille de *la deuxième année* doit être à peu près la même, si ce n'est qu'on ne touche pas aux plants les plus faibles. Sur les plus forts on supprime le sarment le plus élevé et le brin le plus bas est taillé à deux yeux, ce qui réduit la verge à 3 ou 4 centimètres.

La troisième année, la taille sera générale, c'est-à-dire qu'on taillera tous les ceps indistinctement, qu'ils aient été taillés ou non dans la deuxième

Ce mode de culture est des plus simples et des moins onéreux, car un homme et un cheval, je le répète, font en une journée ce que trois hommes ne feraient pas en six jours.

---

année ; ne laissant qu'un brin taillé à deux yeux seulement.

C'est généralement après la troisième année révolue, c'est-à-dire au commencement de *la quatrième année*, ce que les vignerons appellent la quatrième feuille, que la vigne commence à rapporter sérieusement.

La taille de *la quatrième année*, (seulement pour les cépages rouges, — car les cépages blancs réclament une taille spéciale), la taille de la quatrième année donc, qui est des plus importantes, consiste dans le choix judicieux des deux plus beaux brins : à l'un, qui portera le nom de *branche à bois*, on ne laisse en le taillant que deux yeux, à l'autre, qui doit être la plus vigoureuse branche, et qui devra être la *branche à fruit*, on laisse suivant sa force de six à douze yeux, selon l'espèce de cépage.

Pour toutes les autres années, la taille ne variera plus ; mais nous ne saurions assez recommander de toujours bien choisir et conserver pour la taille, les sarments les plus vigoureux, surtout ceux qui sont placés à la partie inférieure du cep, c'est-à-dire ceux qui sont les plus près du sol. En suivant ce conseil, non seulement on évitera de laisser monter la souche, ce qui empêcherait le buttage d'hiver de recouvrir les pieds de la vigne et par conséquent de la préserver des fortes gelées hivernales ; mais un autre avantage qu'il ne faut pas perdre de vue, c'est que plus les branches à fruits sont rapprochées, plus les raisins sont près de terre, plus ils sont succulents, et partant plus le vin est meilleur.

La manière de tailler la vigne a des effets incontestables et très marqués sur la quantité et la qualité de la récolte : plus la taille est allongée, c'est-à-dire plus on laisse de bourgeons ou yeux, plus la récolte est abondante, mais moins le vin a de qualité ; plus la taille est courte au contraire, c'est-à-dire moins on laisse d'yeux, moins la récolte est abondante, mais plus le vin est de qualité. — Ceci est une vérité connue du plus grand nombre des vignerons.

L'époque à laquelle on doit tailler la vigne est loin aussi d'être indifférente ; voyons donc sous ce rapport ce qu'il faut préférer, de la taille hâtive ou de la taille tardive.

Les vrais viticulteurs, et parmi ceux-là, je range le comte Odart, veulent la taille hâtive, c'est-à-dire pratiquée au commencement, mais surtout à la sortie de l'hiver, aussitôt que les grands froids sont terminés.

Olivier de Serres, ce grand maître en agriculture, a formulé à ce propos, pour la taille de la vigne, cet axiome des plus justes sanctionné par l'observation : — *Plus tôt, plus de bois ; plus tard, plus de fruits.*

Un vieux Bourguignon, des plus compétents aussi en cette matière, conseille avec raison de tailler d'abord les vieilles vignes avant l'hiver, et les jeunes à la fin de l'hiver.

L'usage de procéder de bonne heure à la taille de la vigne semble fondé, dit le comte Odart, sur la nature du bois de la vigne ; taillé à l'automne, l'extrémité du sarment coupé se dessèche en quelques jours, sa moelle se crispe, se durcit, de sorte que quelque temps qui survienne, neige, givre, verglas, le bois s'y trouve insensible ; et au printemps suivant, il offre également un obstacle à l'écoulement des pleurs de la vigne, qui est une dissipation en pure perte de la sève.

Telle n'était pas l'opinion de notre ami Jules Guyot, car pour lui, les pleurs de la vigne ne sont pas la sève, mais bien de l'eau pure et simple annonçant l'activité, le réveil de la végétation, eau puisée par les racines et traversant le canal médullaire ; — aussi, dit-il, dans les pays sujets aux rigueurs de l'hiver, la vigne ne doit être taillée qu'au moment où la sève se met en mouvement.

Nous partageons l'avis de notre ami, et nous conseillons de ne tailler la vigne que vers le milieu ou la fin de février, n'oubliant pas le conseil donné par Olivier de Serres ni du vieux vigneron bourguignon, qui veulent que l'on commence par tailler les vieilles vignes et que l'on finisse par les jeunes.

Plus tôt, plus de bois ;
Plus tard, plus de fruit.

Nous avons fait entendre déjà, que tous les cépages ne s'accommodent pas de la même taille, et qu'il est important d'en faire la distinction; cela est vrai, même pour les cépages rouges, et à plus forte raison pour les cépages blancs.

Les gamais, les lyonnais, donnent davantage, et un raisin meilleur avec une taille courte ; tandis que les cépages fins, tels que les pinauds, les carbenets, les merlots, même les cots, veulent une taille longue.

Les cépages blancs, plus vigoureux, plus rustiques que les cépages rouges, demandent non seulement à être taillés courts, mais encore supportent facilement plusieurs membres ou cornets ; on a remarqué que lorsqu'à ces cépages on laisse une verge longue de 60 à 70 centimètres, ils sont forts sujets à la *brouissure*, et que ce fâcheux accident n'arrive que très rarement, si au contraire on pratique la taille au court bois. Dans le premier cas, la brouissure produit un mauvais effet sur la qualité du vin, tandis que dans le second la qualité du vin en est avantageusement influencée.

Pour nous résumer, disons que pour les viticulteurs *de la Sologne* ainsi que pour ceux *du centre de la France*, nous conseillons généralement de tailler aussi tard que possible.

N'oublions pas l'adage :

Plus tard, plus de fruit.

Cependant, il est des circonstances auxquelles il faut savoir se subordonner : — d'une part, la rigueur de l'hiver, les pluies abondantes, le retard ou l'avance de la végétation, enfin la quantité de vigne que l'on possède et qui, pour être toutes taillées, peuvent vous faire hâter ; car on comprend que lorsqu'on a dix, vingt ou trente hectares de vigne à tailler, on devra commencer plus tôt, afin d'avoir terminé lorsque la végétation se développe complètement.

Avant de procéder à la taille, il est une opération importante et indispensable à pratiquer, que nous surtout, qui conseillons le buttage d'hiver, ne devons pas passer sous silence, puisqu'elle est le complément de la préservation des gelées printanières.

Cette opération se fait à l'époque du débuttage, au second labourage, avant même de pratiquer la taille.

La charrue dans ce travail doit faire tout à fait le contraire de ce qu'elle avait fait à l'automne ; c'est-à-dire que le soc et le versoir doivent prendre la terre le plus près possible des rangs ou des pieds de la vigne, et la rejeter sur le milieu du rang. Cette façon est facile et très simple à faire.

On en comprendra l'importance, car elle a pour but de découvrir le pied des ceps, sans quoi l'on ne pourrait pratiquer la taille ; la charrue ne pouvant faire ce travail que très impartaitement, il est de toute nécessité qu'un homme armé d'une petite houe déchausse complètement la vigne, pour qu'on puisse en tailler tous les brins qui partent du pied.

Un moyen que nous ne saurions assez recommander ici, et que nous pratiquons aussi afin de *garantir un peu* la récolte des gelées tardives toujours désastreuses c'est, *en taillant, de laisser enfouis* un ou deux cornets, ceux qui sont le plus près du sol ; c'est ce que nous appelons *la taille de précaution ;* grâce à ce moyen, si les gelées tardives ont été intenses et ont perdu les bourgeons des sarments taillés, il reste toujours comme garantie le cornet taillé à un ou deux yeux, enfoui en terre, qui peut encore donner une récolte. Si au contraire et par bonheur les gelées n'ont pas été malfaisantes, on pourra, lorsque tout danger sera passé, ou retrancher le cornet, ou simplement pincer les bourgeons pour éviter d'épuiser la vigne.

VII

DIRECTION DE LA VIGNE

SUR ÉCHALAS OU FILS DE FER

> Il faut donner artificiellement à la vigne les appuis naturels dont elle est privée par la taille.
>
> J. Guyot.

La vigne, cet arbrisseau d'expansion par excellence, a un besoin immense, dans le cours de sa végétation, de s'étendre, de s'étaler et de s'accrocher, pour se soutenir et suspendre ses rameaux et ses fruits. Aussi doit-on déjà, en la plantant, se préoccuper de savoir comment on la soutiendra, comment on dirigera ses pampres.

Cette question est des plus importantes, et comme elle nécessite une certaine mise de fonds, et qu'il n'est pas indifférent non plus de savoir quels sont les procédés les plus économiques, nous avons cru devoir lui consacrer ce chapitre, avant d'arriver à celui qui traite de la vigne conduite en cheintre, autrement dite rampante, et n'ayant besoin ni d'échalas ni de fil de fer.

Que la vigne soit dirigée sur échalas ou sur fil de fer, aussitôt que la taille est terminée, on doit pratiquer le pliage, c'est-à-dire fixer à l'un de ces supports le courson ou branche à fruit qui a été réservée dans la taille longue : car dans la taille courte celle que nous avons dit être réservée pour certaines espèces, tels que : gamais, cépages blancs, etc., et qui ont été coupés à deux yeux, il n'y a pas de pliage à pratiquer.

Le pliage consiste donc à fixer, à l'échalas ou au fil de fer, la verge dite branche à fruit, au moyen d'un osier; suivant que cette verge ou courson sera plus ou moins longue, elle ne doit guère dépasser 50 à 60 centimètres, les vignerons recommandent expressément de la recourber de manière à lui faire décrire un demi-cercle, et pour cela de fixer à dix ou quinze centimètres du sol l'extrémité libre. Cette façon de plier et recourber la branche à fruit a pour but d'abord d'éviter que la végétation ne se porte avec trop de violence sur les derniers bourgeons et ensuite d'augmenter la succulence des raisins, développés sur ces derniers bourgeons.

Cette opération est des plus simples, mais voyons ce que l'on doit préférer pour accoler le courson, de l'échalas ou du fil de fer.

Pour nous qui recommandons avant tout la viticulture économique, nous dirons que tout propriétaire qui possède des bois doit préférer la direction de la vigne sur échalas, par cette raison que ce mode sera moins coûteux pour lui. — Les échalas peuvent être faits avec des tiges de jeunes pins alors qu'on dépresse les pinières, ou avec des châtaigniers, des saules, etc. Mais ce qui est préférable pour la durée, ce sont les échalas d'accacia.

Les bois de sapin, de châtaignier et de saule doivent être injectés de sulfate de cuivre, sans cela ils pourrissent promptement, et nécessitant d'être remplacés, ils augmenteraient alors la main d'œuvre.

Nous conseillons donc, quand cela est possible, de préférer l'accacia, injecté ou non, — et afin de s'en procurer facilement, on peut en planter autour d'une terre; et une fois bien venus, les traiter en taillis. Coupés tous les cinq ans, ils peuvent fournir tous les échalas dont on peut avoir besoin. — Trempés à froid dans un bain de sulfate de cuivre, alors que la sève est en mouvement, on obtient facilement une injection qui double leur durée. Des échalas ainsi injectés peuvent se conserver plus de vingt ans.

La direction de la vigne sur fil de fer est plus coûteuse bien certainement, ou du moins exige de suite une mise de fonds plus forte, aussi ne la conseillons-nous qu'à ceux qui n'ont pas de bois à leur disposition : cependant nous devons ajouter que si l'opération est bien faite, les fils de fer une fois posés le sont pour longtemps; et s'il n'y a point d'économie, il y a du moins un équilibre dans le prix, eu égard à la main d'œuvre qui devient pour ainsi dire nulle.

Si l'on dirige la vigne sur échalas, après avoir pris les précautions que nous venons d'indiquer pour les conserver par les injections, le mieux sera d'en placer un grand d'abord au pied de chaque cep, pour soutenir et attacher les branches à bois ; et *un* ou *deux* plus petits à gauche et à droite du cep, afin de plier et d'y attacher *la* ou *les* branches à fruit, c'est-à-dire les verges ou coursons réservés pendant la taille.

Dans le Bordelais, la coutume est de réserver deux verges ou coursons, qui sont dirigés sur deux petits échalas, placés à gauche et à droite du cep en forme de V très évasé. Cette taille est plus productive, et convient surtout aux espèces bordelaises ainsi qu'à celles qui supportent une taille longue. — De cette façon on a deux branches à fruit, ayant suivant leur force de cinq à six yeux. — Si au contraire on adopte la direction de la vigne sur fil de fer, on plantera d'abord un poteau ou pieu à chaque extrémité de la ligne, lequel sera percé de deux trous pour faire passer les fils de fer.

A une distance de 50 centimètres en dehors du pieu, on creusera un trou de 30 à 40 centimètres de profondeur, sur 20 de large, dans lequel on enfoncera une pierre ou moellon, enroulé d'un grand fil de fer galvanisé sortant de terre et formant une boucle ou anse, destinée à attacher les deux fils de fer ; cette boucle forme un point d'attache des plus solides et des plus résistants pour les roidir.

Deux fils de fer sont indispensables pour soutenir la vigne ; le premier est placé à 25 ou 30 centimètres au-dessus du sol, pour soutenir et attacher les verges à fruits ; le second est placé à 35 centimètres au-dessus du premier pour y fixer et soutenir les pampres et branches à bois.

A une distance de 4 à 5 mètres, on plante des échalas dans lesquels on enfonce des pointes doubles ou conduits. Ces pointes sont destinées à soutenir les fils de fer qui sans elles s'affaisseraient sur le sol.

Tels sont les deux moyens aussi simples et aussi économiques que possible de diriger la vigne. Dans la vigne cultivée en cheintre, il y a l'avantage immense d'éviter tous ces frais, puisqu'elle est abandonnée sur le sol, et n'a besoin ni d'échalas, ni de fil de fer, ainsi que nous allons l'indiquer dans le chapitre suivant.

Si la vigne est dirigée sur échalas, le meilleur lien à employer pour faire le pliage de la branche à fruit est de se servir de très légers brins d'osier.

VIII

CULTURE EN CHAINTRE

La vigne en chaintre est je crois le dernier mot de la philosophie de la végétation, de la fécondité et de la longévité de la vigne.

J. GUYOT.

Si la vigne cultivée *en chaintre* ou pour parler plus exactement, *si la vigne cultivée en traîne*, pouvait aussi bien réussir en Sologne qu'elle réussit aujourd'hui à Chissay, son berceau; à Montrichard, dans le Blaisois et même dans le Berry, nul doute que ce mode de viticulture ne devînt le comble des desiderata légitimes, que mon ami Jules Guyot, et tous ceux qui ont demandé la viticulture en Sologne, ont appelé de leurs vœux.

Déjà dans quelques points de la Sologne, des hommes de progrès ont adopté ce mode de culture ; nous avons pu voir par nous-mêmes et juger déjà de ce que l'avenir promet, mais nous ne nous dissimulons pas qu'il faut encore quelques années pour juger définitivement ce mode de viticulture dans ce pays.

Car un point nous préoccupe vivement et ce point est très important, puisqu'il s'agit de savoir si les gelées d'hiver et celles du printemps ne lui seront pas trop nuisibles, par cette raison que, ne pouvant faire un buttage d'hiver à la charrue, les ceps étant trop élevés au-dessus du sol, ils peuvent se trouver exposés aux rigueurs de l'hiver comme en 1880. — Il y a cependant une sorte de compensation que nous devons signaler, c'est que la vigne traînante, taillée et conduite comme nous allons l'indiquer succinctement, semble avoir pour avantage d'être moins sujette à la brouissure, à la coulure et même à l'oïdium, ce qui certes est un avantage assez important ; enfin quelques-uns des viticulteurs qui appliquent cette méthode, prétendent qu'en élevant les branches à fruits au moyen de fourchines, pendant les jours critiques qui amènent les gelées printanières, on évite et l'on diminue ce désastre toujours fâcheux. Mais ce que l'on doit considérer par dessus tout dans ce mode de viticulture, c'est qu'en outre de l'économie qu'il y a à éviter l'emploi d'échalas et de fils de fer, il y a le rapport immense dans le produit de la vigne ; ce rapport est à Chissay, Montrichard et aux alentours, de 90 à 110 et 120 pièces à l'hectare.

Pour ceux qui ne connaissent pas ce mode de viticulture, nous allons le décrire aussi succinctement que possible et ne trouvant pas de définition meilleure ni plus nette ni plus claire que celle qu'en a donnée notre ami J. Guyot dans son rapport sur la viticulture du département de Loir-et-Cher, nous allons la reproduire ici :

« Les vignes en chaintres ou en chaînes traînantes sont, je crois, le dernier mot de la philosophie de la végétation, de la fécondité et de la longévité de la vigne, dont elles offrent la plus haute expression, avec les treilles, dont elles atteignent les dimensions et dont elles ont les bras longs et multipliés ; seulement, au lieu de porter des coursons comme les treilles à la Thomery, ce sont de longues et nombreuses verges qu'elles portent comme les treilles de la Savoie. En outre, au lieu de s'étaler contre des murailles ou d'être soutenues en l'air par des treillages dispendieux d'établissement et d'entretien, elles s'étalent librement sur la terre nue et nettoyée de toutes herbes, par des labours, hersages, roulages. C'est la terre qui leur sert d'espalier au lieu des murailles, et qui leur réfléchit la chaleur, condition de perfection du fruit, bien supérieure à l'isolement dans l'air comme les treilles de la Savoie et d'autres pays. »

La vigne en chaintre est en effet la vigne toute entière rampant sur le sol, mais taillée rationnellement et non abandonnée à elle-même, et dirigée de telle sorte qu'on peut lui faire opérer des mouvements de rotation, la faire pivoter autour de son point central comme une aiguille sur un cadran, afin qu'on puisse cultiver le sol sans qu'elle en souffre. C'est enfin la vigne plantée dans un sol dans lequel elle trouve à la fois et un large espace pour développer, nourrir ses racines et s'étendre largement, de même qu'elle trouve à la surface du sol un espace aussi grand pour y étaler ses rameaux, ses pampres, ses fruits et y vivre à son aise d'air et de soleil.

Depuis que le père Denis de Baune, près de Chissay, a planté de la vigne en chaintre, sa méthode toute simple d'abord, ridiculisée, bafouée par des voisins, a été imitée, étendue et grandement perfectionnée depuis son origine qui ne remonte qu'à une trentaine d'années. Les manuels, brochures, etc., sur la vigne cultivée par cette méthode abondent maintenant et le village de Chissay, autrefois ignoré, inconnu, vivant médiocrement comme ceux d'alentour, a vu depuis lors sa richesse s'accroître et la prospérité y apporter de l'or avec abondance.

Nous avons sous les yeux l'ouvrage de MM. Lherinier et Doublet, que l'on pourra consulter avantageusement si l'on veut adopter cette viticulture, car il est bien écrit et expose savamment cette méthode.

Notre intention étant de n'en donner ici qu'un aperçu, nous nous bornerons à dire sommairement que ce genre de culture de la vigne consiste à planter les ceps à 2 mètres dans la ligne, et à une distance de 4 à 5 mètres entre les rangs.

Que pendant les trois premières années on peut et l'on doit avec avantage faire toutes sortes de culture dans la chaintre ou espace compris entre les rangs de vigne; mais qu'à partir de la quatrième année, époque à laquelle on doit compter sur une récolte, on ne doit plus faire de culture, mais laisser tomber sur le sol les ceps qui avaient été tenus fixés sur un grand échalas.

Pendant les trois premières années, la taille consiste à retrancher tous les rameaux et branches latérales, de façon à ce que la tige ou tronc du cep soit complètement nu jusqu'à un hauteur de 1^{m} 50 environ, et que la végétation se porte à l'extrémité. C'est alors que la taille est sérieuse, et qu'il est important de savoir faire développer les rameaux d'une façon alterne, comme une treille, mais de manière à donner de la symétrie aux rameaux et éviter que la vigne n'ait l'air d'une broussaille ou d'un fouillis. — Le tronc du cep pouvant pivoter sur lui-même, on le fait tourner et changer de place, chaque fois que les travaux du sol sont nécessaires, car il faut empêcher l'encombrement des mauvaises herbes.

— Après la taille, il est nécessaire, pour éviter l'action fâcheuse des gelées printanières, de relever par de petites fourchines les rameaux qui traînent à terre. On fait encore cette petite opération lorsque le raisin commence à se développer et marche vers la maturité.

D'après les observations et expériences pratiques reconnues aujourd'hui, c'est le cot de Bordeaux, sorte de malbeck, le cot à queue rouge surtout, qui se prête le mieux comme cépage à ce mode de direction et de taille.

Bien que m'adressant principalement à ceux qui peuvent et doivent cultiver la vigne à la charrue, et qui pour cela peuvent disposer d'au moins un hectare de terre, je ne veux pas terminer ce chapitre important qui traite de la vigne en chaintre, sans prévenir que cette méthode de viticulture peut être pratiquée avec avantage par de petits propriétaires et dans des enclos restreints ; et qu'alors ils peuvent faire leur culture à la main, semer ou planter, dans les bandes de terre qui sont entre les lignes, des légumes ou des plantes fourragères. C'était ainsi que le père Denis avait commencé cette culture, et il l'a pratiquée pendant longtemps avec d'heureux résultats ; et lorsqu'il l'a cessée, c'est que le bien-être et l'aisance qui lui étaient arrivés par cette méthode de culture, lui permettant d'étendre et de multiplier ses plantations, il a été moins parcimonieux dans sa viticulture.

Mais pour ceux-là même dont nous parlons et qui ne possèdent que des morceaux assez restreints de terre, qui les cultivent généralement en jardin, en légumes, etc., à ceux-là nous conseillons de préférence de planter de la vigne en treilles, ou treillons ; c'est-à-dire en cordons sur des fils de fer ou simplement sur des perches, ainsi qu'on le pratique dans le Bordelais ; on fait ainsi des sortes de palissades qui entourent les enclos et les carrés des jardins. La main d'œuvre, dans ces conditions, est pour ainsi dire nulle, car elle ne consiste que dans la taille au printemps et l'accolage. Si le malheur veut que des gelées printanières viennent détruire les bourgeons, ils auront sans doute le regret de manquer de récolte, mais ils n'auront pas à déplorer des frais complètement perdus comme dans la viticulture ordinaire.

Les cots de Bordeaux sont les cépages qui s'appliquent le mieux à cette culture, car on sait que les cépages de chasselas ne font qu'une boisson ou un vin très plat ; et par cette méthode le petit propriétaire pourra, suivant l'étendue qu'il donnera à ces treillons, récolter plusieurs pièces de vin, sans dépenses, de manière à alimenter sa famille.

Nous l'avons déjà dit et nous le répétons, il n'est pas un coin dans la Sologne, pas une ferme, pas un hameau où l'on ne voie la vigne en treille, et ces treilles donnent comme partout des résultats heureux, suivant les années ; les maisons, les jardins, tous ont des treilles, et cependant, dans la région nord-est de la Sologne, où la vigne est plus rare encore, mais où — nous nous en sommes assurés, — elle prospère comme dans les autres régions, nous entendons les habitants dire et répéter que la vigne ne vient pas ; — c'est, nous en sommes convaincus, la routine, l'apathie, l'indifférence et peut-être aussi le découragement qui les font parler ainsi. Mais qu'ils veuillent bien observer attentivement et essayer la méthode que nous indiquons et, nous en sommes convaincus, dans quelques années, ils n'auront qu'à s'en féliciter.

Enfin chacun peut voir, comme nous l'avons vu,

dans cette même partie de la Sologne, quels produits peut déjà donner la vigne en treille et isolée.

Nous ne parlerons pas de ce pied de treille séculaire que nous avons vu dans les environs de Montrichard et qui, dans les bonnes années, donne jusqu'à huit pièces de vin, — il est vrai que son tronc est gros comme un tonneau et que les branches couvrent six ares de terre, — mais nous citerons entre ceux que nous avons vus, un cep de vigne, dans la ferme de Beauchesne, entre Vouzeron et Allogny, qui donne trois hectolitres de vin dans les années moyennes.

CULTURE EN GOBELETS

Enfin il est encore une autre méthode de cultiver la vigne que nous ne saurions passer sous silence, dans ce chapitre qui traite, au point de vue de l'économie, *de la viticulture en plein champ, sans échalas ni attaches.* Nous avons pu juger de cette méthode parce que nous l'avons observée, donnant des résultats très favorables; c'est M. Trouillet, professeur de viticulture, qui l'a préconisée et pratiquée sur une grande échelle [1].

1. Trouillet, *Culture de la vigne en plein champ sans échalas ni attaches*, 3e édition, 1862, Paris.

Cette méthode, disons-le en peu de mots — consiste à faire monter, après la taille de la troisième année, la souche ou pied de vigne, à 30 ou 50 centimètres au-dessus du sol, et à partir de ce point, de diriger par la taille de chaque année qui suit, les coursons en forme de goblets ; ou pour mieux faire comprendre en forme de groseilliers. — On obtient ce résultat en taillant à court bois, car chaque année, à la taille sèche, on ne laisse que deux yeux à chaque cornet. De cette façon, le cep de vigne, ayant le port d'un arbrisseau, se tient tout seul sans appui ; et pour que ses rameaux ne s'étalent pas trop, il faut surtout avoir le soin d'user du pinçage.

Ce mode de culture est certainement très simple et économique et peut s'appliquer aussi bien à la petite culture qu'à la grande, toujours à la condition de donner beaucoup d'espace entre chaque cep ; 2^m 50 à 3 mètres nous semblent une distance convenable, pour que la vigne produise sans être gênée. — Si c'est à la grande culture qu'on applique ce genre de plantation, la charrue façonnera la terre comme nous l'avons dit, si ce n'est qu'elle ne pourra approcher aussi près des ceps que lorsque la vigne est dirigée sur échalas ou fils de fer; et alors il y aura un peu plus de terre à travailler à la houe ; mais la compensation est grande par l'économie qui est faite en évitant les échalas. — Enfin, ajoutons que cette méthode est précieuse pour la petite culture, parce qu'elle permet d'utiliser l'espace qui se trouve entre les rangs en y faisant du jardinage. Nous ne saurions trop recommander ce mode aux petits propriétaires.

IX

TRAVAUX ET OPÉRATIONS

COMPLÉMENTAIRES

Ébourgeonnement. — Nous venons d'indiquer, aussi succinctement que possible, quels sont les travaux indispensables qui doivent être faits pour cultiver la vigne avec économie; il nous reste à faire connaître quels sont les opérations complémentaires nécessaires pour arriver à de sérieux résultats.

Lorsque la vigne, ou pour parler plus exactement, la verge ou courson a été pliée et fixée aux échalas ou fils de fer, par un osier flexible, pour y être soutenue et dirigée ; que la terre a reçu son premier labourage, c'est-à-dire déchaussage et sarclage dans la ligne et entre les rangs avec la paroire, la vigne ayant poussé et développé ses bourgeons, on voit la feuille et la grappe apparaître, et bientôt la floraison s'effectuer. C'est alors qu'il convient de pratiquer l'ébourgeonnement qui consiste à retrancher du pied du cep, les branches gourmandes qui commencent à se montrer et qui, sans cela, enlèveraient la vigueur aux branches à fruit. Il faut que cette opération soit faite avec soin, afin de n'enlever que ce qui est de surcroît et de ne pas toucher aux pousses qui doivent, pour l'année suivante, servir à la taille des branches à bois ou des branches à fruit.

On ne saurait croire de quelle importance est l'ébourgeonnement, et combien cette opération est profitable à la fructification ; souvent avant de l'avoir pratiquée, les grappes paraissent rares et petites, et quelques semaines après l'opération, on est étonné de les voir devenir belles et nombreuses.

Soufrage. — C'est encore à ce moment, lorsque les pousses n'ont atteint que dix ou quinze centimètres de longueur, qu'il convient de pratiquer le soufrage, si l'oïdium s'est montré l'année précédente et si l'on a à le redouter. — L'oïdium, ce parasite cryptogamique, dont la présence est souvent si désastreuse et qui enlève si rapidement la récolte ; l'oïdium est des plus faciles à faire disparaître, seulement il faut y mettre de la persévérance. Avec le soufrage on en vient facilement à bout. Si le phylloxera était aussi facile à détruire, la France viticole n'aurait pas à déplorer de si graves et si terribles pertes.

Pour obtenir un résultat sérieux, du soufrage, il faut pratiquer l'opération jusqu'à trois fois au moins, à l'aide du soufflet Lavergne. — La première fois, quand les pousses commencent à se montrer et à se développer et qu'elles ont déjà atteint de dix à quinze centimètres de longneur; la seconde, après la floraison, et la troisième, au moment où le raisin n'est encore qu'en verjus et que la veraison va s'opérer.

Il faut de préférence pratiquer le soufrage le matin, alors que les feuilles sont humides de rosée, ce qui maintient le soufre sur la vigne; et si une pluie trop abondante survenait après l'opération, elle enlèverait le soufre projeté par le soufflet, il faudrait recommencer l'opération. — Dans la Gironde, le soufrage se fait régulièrement tous les ans, que l'oïdium ait ou non infesté la vigne; au dire des vignerons de cette contrée, le soufrage serait même une sorte d'amendement.

Accolage. — L'accolage, opération qui consiste à attacher les rameaux de la vigne aux échalas ou aux fils de fer lorsqu'ils ont acquis une certaine longueur, se fait généralement vers la première quinzaine de juin. — L'accolage a surtout pour but d'éviter que le vent ne brise les branches, ce qui arrive souvent à cette époque, car le rameau jeune et vert se détache très facilement de la tige;

enfin par ce moyen on évite aussi que les branches, en s'étalant à droite et à gauche, ne s'accrochent par la vrille à tous les soutiens qu'elles peuvent rencontrer et ne se transforment en un fouillis inextricable.

Les pampres de la vigne s'attachent généralement aux échalas avec plusieurs brins de paille de seigle, ou avec quelques brins de jeunes pousses de genêt; au fil de fer il est préférable de les attacher avec des brins de joncs ou de l'osier très tendre et très flexible, pour éviter de couper la tige de la vigne.

Pinçage. — A cette même époque, c'est-à-dire du 15 au 30 mai, on pince la vigne en la coupant avec l'ongle du pouce et celui de l'indicateur, à deux ou trois yeux au-dessus de la dernière grappe. — « Quel que soit votre mode de culture de la vigne, dit Guyot, si vous laissez de longs bois, des pics ou des pleyons à vos ceps, *pincez à deux feuilles au-dessus de la deuxième grappe tous les pampres fertiles qui en sortiront, et abattez tous les pampres stériles;* puis soignez le cep principal comme à l'ordinaire. Par cette pratique vous pouvez doubler votre récolte. Si vous n'avez pas l'habitude des longs bois, adoptez-la sans hésitation et sans crainte : le pinçage vous garantit que votre vigne n'en sera point fatiguée, et cette branche à fruit donnera la récolte la meilleure et la plus sûre. »

Rognage, Épamprage. — Lorsque l'opération du pinçage, celle de l'accolage est terminée, que la vigne a poussé encore, étendant davantage ses rameaux qui souvent prennent de grandes proportions, il est une dernière opération à pratiquer, très utile afin de hâter la maturité du raisin; cette opération est l'épamprage ou le rognage. Mais le rognage ou l'épamprage tel que nous le considérons, ne doit être pratiqué qu'à la fin d'août et d'autres fois que vers le commencement de septembre; fait plutôt, il contribuerait à développer la coulure et la grillure; tandis que pratiqué comme nous l'indiquons, il fortifie le bois, le fait mûrir plus promptement et fait refluer sur les raisins la sève qui aurait servi à le nourrir; enfin il accélère sa maturité.

Lorsque les vignes sont dirigées sur échalas, on rogne avec la serpette toutes les parties des pampres qui les dépassent, et lorsque, au contraire, les vignes sont dirigées sur fil de fer, on enlève tous les pampres qui se sont développés après qu'on les a couchés sur ce dernier; cette opération se fait plus facilement avec les grands ciseaux à tailler les haies; elle donne à la vigne un coup d'œil d'harmonie agréable, en même temps un air de propreté, elle hâte la maturité du raisin, laissant le soleil pénétrer davantage dans les rangs.

Paillassons. — Garantir la vigne des grandes gelées d'hiver, rien n'est plus facile selon nous, grâce au buttage d'hiver, ainsi que nous l'avons indiqué ; mais la garantir des gelées printanières est chose souvent plus difficile, on le conprendra, suivant que la végétation est plus ou moins hâtive et développée. Par la taille, en laissant comme nous l'avons dit le plus près de terre possible une corne ou sarment de précaution ayant un ou deux yeux, on peut s'assurer une récolte, dans le cas où la gelée printanière aurait détruit les premiers bourgeons ; mais il arrive parfois que ces gelées printanières surviennent très tard, vers le milieu de mai par exemple, ainsi que nous l'avons vu en 1872, alors que la végétation est très avancée et que les bourgeons, complètement ouverts, laissent apparaître déjà feuilles et fruits.

Chacun, depuis bien des années, s'est ingénié à trouver, à inventer un moyen plus ou moins pratique pour garantir la vigne de ces gelées terribles, qui en un matin détruisent toutes les espérances et tous les labeurs du vigneron.

J. Guyot lui-même nous donne, dans son *Manuel du vigneron*, le système qu'il préconisait et qui consistait en de nombreux paillassons, mis en nattes, et étendus au-dessus de chaque cep, dans les vignes cultivées à la charrue.

Malheureusement ce système était trop dispendieux et à cause de cela ne pouvait convenir qu'aux clos de vignes de luxe, c'est-à-dire à ces vignes qui produisent un vin d'un prix très élevé et qui ne peuvent que dans ces conditions rémunérer un peu les vignerons de ces sortes de frais toujours coûteux.

D'autres ont inventé des abris de toutes sortes, les uns en toile grossière, les autres en des demi-tubes en terre cuite qui recouvraient une partie des branches à fruit. — Tous ces moyens, hâtons-nous de le dire, toujours coûteux, sont si peu pratiques qu'ils n'ont pu se vulgariser. — Le moyen qui a paru un instant avoir le plus de succès et prendre faveur, a été de pratiquer des fumées épaisses et lourdes qui, s'étendant au-dessus de la vigne, formaient l'effet de nuages protecteurs, évitant ainsi par ce moyen que les bourgeons de la vigne ne soient frappés directement des rayons du soleil. — Ces fumées étaient produites, généralement, par des feuilles de broussailles, des branchages, des herbes, etc., que l'on faisait brûler aux alentonrs de la vigne. — Dans ces derniers temps on s'est servi, avec plus d'avantage, d'huile lourde de pétrole, placée dans des godets disséminés dans les vignes et aux alentours.

Non seulement cette méthode n'a pas donné le

succès qu'on en attendait, mais qu'on juge combien elle était peu pratique et onéreuse, bien que les matériaux employés pour produire la fumée fussent peu coûteux : il faut observer que les vents ne dirigent pas toujours les nuages de fumée là où l'on veut qu'ils aillent, qu'il les emporte souvent ailleurs laissant la vigne exposée aux premiers rayons du soleil ; mais le côté le moins pratique et le plus dispendieux aussi, c'est que pour employer ce moyen, il faut, non pas seulement pendant deux ou trois jours, mais le plus souvent pendant plusieurs semaines avoir une brigade de gens, tenus en éveil, devant partir avant le lever du jour, pour préparer tous les matériaux destinés à produire la fumée ; l'époque critique des gelées printanières pouvant avoir une longue durée quelquefois, nous laissons à penser combien cette méthode donne de difficultés et d'ennuis.

Les paillassons préconisés par notre ami Guyot donnent certainement le meilleur résultat, mais fabriqués en forme de natte au moyen de grosse ficelle ou cordelette, ils sont très coûteux et n'offrent pas aux vents violents la résistance de ceux que nous faisons fabriquer pour notre usage et qui sont peu dispendieux. — Voici en peu de mots en quoi ils consistent : sur deux longues lattes en bois blanc espacées de 80 centimètres environ et longues de 3 à 4 mètres, nous étalons une couche mince de paille de seigle, non brisée ; deux autres lattes de même longueur sont appliquées sur la paille au-dessus des premières, et avec de longues pointes, nous clouons les deux lattes ensemble ; les pointes sont rivées, on ébarbe la paille à chacune de ses extrémités, avec de grands ciseaux ou un couteau afin de régulariser le paillasson qui se trouve fait en un clin d'œil. — Un homme peut dans sa journée fabriquer une centaine de mètres de paillassons ; les pointes et les lattes sont les seules dépenses à faire dans une ferme qui possède toujours de la paille de seigle à profusion. — Cette paille, bien entendue, est choisie, provenant d'un battage à la main ou au fléau. Nous faisons fabriquer ces paillassons l'hiver, pendant les jours de pluie ou de neige, alors qu'aucun travail n'est possible dehors. — Nous avons dit que ces lattes en bois blanc ont une longueur de 3 ou 4 mètres environ, elles ont en outre 3 centimètres de largeur sur un ou deux d'épaisseur.

On peut encore remplacer les lattes par de grandes branches longues et minces, de bois blanc, coudrier, peuplier, saule, sapin, etc , que l'on a d'abord fendues en deux et qui sont rassemblées comme nos lattes, soit par des pointes, soit par des fils de fer ou des osiers.

L'emploi de ces paillassons se fait généralement vers le milieu et la fin d'avril, alors qu'on voit les bourgons de la vigne grossir et se développer pour les appliquer, rien n'est plus simple, dans une vigne à la charrue dirigée sur fils de fer ou échalas. On approche le paillasson du fil de fer ou des échalas, en lui donnant un plan incliné, et on le fixe par ses deux extrémites au fil de fer ou à l'échalas au moyen d'un autre fil de fer du plus petit numéro ; un des bords du paillasson touche et appuie sur le sol, l'autre s'appuie sur le fil de fer.

Généralement nous plaçons le paillasson de manière à ce qu'il protège la vigne du soleil levant ou des vents du nord, suivant l'exposition qu'on a donnée à la vigne ; mais il est préférable surtout de l'abriter des rayons du soleil levant.

Nous avons reconnu que, dans une vigne dont les rangs sont espacés à 1 mètre 30 ou 40 centimètres, il était inutile d'appliquer des paillassons à chaque rang de vigne. Ceux-ci étant destinés surtout à protéger les bourgeons des premiers rayons du soleil, un seul rang de paillassons peut garantir deux rangs de vigne, attendu que le matin, au lever du soleil, jusqu'à neuf heures, ses rayons ne dardant que très obliquement ; il s'ensuit que l'ombre des paillassons s'allonge jusqu'à cette heure et protège deux rangs au moins. Cette question n'est pas indifférente, car elle économise un grand nombre de ces abris.

Un viticulteur intelligent, et très distingué, M. Henri de l'Apparent, inspecteur d'agriculture, a imaginé lui aussi un système de paillassons des plus simples, des plus économiques, et qui peut s'appliquer aussi bien à la vigne plantée en foule qu'à la vigne dirigée sur fil de fer, car chaque pied de vigne se trouve muni de son paillasson.

Ce paillasson, ou plutôt cet écran, consiste tout simplement en un échalas dont l'un des bouts (celui qui est enfoncé dans la terre), a été fendu et dans cette fente on a glissé des brins de paille de seigle qui sont maintenus par une ou deux grandes pointes enfoncées et rivées. —

Mais quel que soit le système de paillassons que l'on veuille adopter, nous sommes des premiers à dire que ce moyen ne peut être praticable que pour des vignes de choix ou dans une étendue très restreinte ; car s'il s'agissait de couvrir huit, dix ou vingt hectares, on s'effraierait avec raison de la quantité de paillassons qu'il faudrait, et de la main d'œuvre qui serait nécessaire pour les placer et les déplacer, sans compter l'encombrement pour loger tous ces paillassons pendant le reste de l'année. — Néanmoins, disons-le, il sera toujours avantageux de s'assurer un peu de récolte par ce moyen et nous conseillons d'y avoir recours, ne fût-ce que pour un hectare, même un demi-hectare ; une seule matinée, hélas ! pouvant suffire pour perdre une récolte entière.

X

VINIFICATION

> Le grand art de faire le bon vin est d'une simplicité primitive.
>
> J. Guyot.

Bien que le but de ce petit ouvrage soit de prouver que la vigne est non seulement possible mais fructueuse et rémunératrice dans les terres pauvres de la Sologne spécialement, lorsqu'elle est plantée et cultivée avec intelligence et suivant la règle, nous pensons que ce ne serait avoir rempli que la moitié de la tâche que nous nous sommes imposée, si, après avoir indiqué le meilleur mode de viticulture que l'expérience nous a appris, nous ne parlions un peu de la vinification, c'est-à-dire des opérations diverses indispensables pour transformer le raisin en bon vin.

Car si, comme nous n'avons cessé de le dire dans quelques-unes de ces pages, ce sont les bons cépages qui font le bon vin, il y a également des moyens qu'on doit préférer à d'autres pour faire le meilleur vin possible.

Nous sommes encouragés à parler de cette question parce que nous voyons, autour de nous, des vignerons eux-mêmes suivre une routine ne donnant que de déplorables résultats.

Vendanges. — Ainsi, une habitude des plus fâcheuse est de vendanger presque toujours avant la complète maturité du raisin, et cependant c'est un point des plus importants : si l'on veut obtenir un vin ayant de la qualité, on ne doit faire cueillir le raisin que lorsqu'il est complètement mûr.

Nous devons certainement nous conformer à l'action climatérique des années et subir les influences des températures ; mais nous ne saurions assez répéter que, lorsqu'on le peut, il faut savoir attendre ; et dut-on perdre un peu de vendange, la qualité donnée par la maturité du raisin viendra compenser cette petite perte. — *Un raisin bien mûr contient toujours plus de sucre, et c'est le sucre qui fait l'alcool.*

Foulage et écrasement du raisin. — On ne saurait croire combien il est important de ne mettre dans la cuve qu'un raisin bien écrasé, cette opération facilitant et hâtant énormément la fermentation ; grâce aux écraseurs ou fouloirs cylindriques dont la mécanique nous a dotés aujourd'hui, on peut écraser les graines de raisin de la manière la plus complète et la plus rapide, ce qui évite cette manœuvre primitive, sale, lente et souvent imparfaite, de fouler le raisin avec les pieds. En se servant des cylindres cannelés on peut pour ainsi dire, — du moins c'est ce que nous faisons nous-même, — on peut écraser le raisin à mesure qu'on le vendange, et le mettre immédiatement dans la cuve.

Une autre petite opération, que nous ne manquons jamais de faire, et qui contribue à donner de la qualité au vin, c'est de faire trier le raisin vert pendant qu'on vendange, ce qui se fait facilement sans augmenter ni les frais, ni le personnel des vendangeurs ; nous faisons faire ce triage par les hommes qui font marcher le cylindre pour écraser le raisin, et qui enlèvent le raisin vert ou pourri à mesure qu'il tombe dans la trémie. Les grappes vertes sont mises de côté et servent à composer des boissons.

Fermentation dans la cuve. — Une fois le raisin écrasé et mis dans la cuve, qu'on se garde bien, ainsi que le recommande notre ami Guyot, de le laisser cuver au delà du temps rationnel, c'est-à-dire au delà de *cinq*, *sept* ou *neuf* jours en se subordonnant à la maturité du raisin, ainsi qu'à la température de l'atmosphère, car plus la fermentation s'établit promptement, plus le vin aura de qualité ; aussi recommande-t-on avec raison, lorsque les vendanges se font pendant des jours froids, de placer dans le local où sont les cuves, un poêle ou calorifère, afin de faciliter et hâter la fermentation.

Jules Guyot et le comte Odart lui-même recommandent de ne décuver que lorsque toute ébullition ou fermentation bruyante a cessé, et que l'oreille, appliquée contre les parois de la cuve, n'entend plus aucun bruit. On doit alors tirer le vin *trouble et chaud*, ce dont il ne faut pas se préoccuper et non pas suivre l'exemple des vignerons routiniers, qui ne veulent tirer de la cuve le vin, que lorsqu'il est froid et clair, ce qui demande presque toujours de 15 à 18 et 20 jours ; il y en a même qui ne le tirent qu'après 3 et 4 semaines.

C'est en pratiquant cette méthode vicieuse que l'on obtient, ainsi que le disait J. Guyot, un *vin de macération* par opposition au *vin de fermentation*, qui est le véritable vin. Le vin qui reste trop longtemps dans la cuve, disait-il avec raison, ressemble à ces liqueurs de cerises ou de prunes que font les ménagères ; les fruits ne tardent pas, après un certain temps, à absorber toutes les parties de l'alcool, et l'eau-de-vie dans laquelle baignait le fruit n'est bientôt plus qu'un sirop ou plutôt de l'eau sucrée. Eh ! bien, la grappe fait dans la cuve qui reste longtemps sans être tirée ce que fait la cerise et la prune dans le bocal, elle absorbe une grande partie de l'alcool qui se trouvait dans le vin, lequel se trouve aplati. Aussi le vin qui sort de la grappe passée au pressoir est-il souvent plus fort que le vin tiré le premier de la cuve, mais malheureusement en séjournant trop longtemps avec la grappe, la fermentation prolongée le transforme en grande partie en acide acétique et le vin aigrelet n'est plus buvable qu'additionné d'une grande quantité d'eau.

Quand, au contraire, on tire le vin de la cuve après le cinquième ou le septième jour, Guyot recommande avec raison, d'ajouter une certaine quantité de vin de presse ou pressuré au vin tiré de la cuve.

Ce vin de presse, contenant non seulement de l'alcool, mais une assez forte proportion de tannin et des éthers, contribue à donner plus de force et de bouquet au vin, qu'il aide aussi à se conserver.

La règle est de n'emplir les tonneaux ou barriques, avec le vin de la cuve, que jusqu'aux 3/4 ou 4/5 et de finir de remplir avec le vin de presse.

Tous les viticulteurs de nos régions qui ont

suivi ces préceptes n'ont eu qu'à s'en louer, et n'ont pas tardé à voir leur vin devenir meilleur, plus agréable, plus alcoolique et pouvant vieillir plus facilement.

Le comte Odart dit avec raison que plus les cépages sont fins, plus le raisin est mûr, moins il faut le laisser de temps dans la cuve ; le moment du décuvage, dit-il, est celui où le goût sucré de la liqueur a disparu, pour faire place à la saveur vineuse, ce qui arrive au bout de quatre, cinq ou six jours, quelquefois huit, suivant la température.

Les vins faits avec les cépages grossiers, les gamais et les mauvais terroirs, qui sont généralement faibles, plats et sans couleur, ceux-là doivent rester plus longtemps dans la cuve.

Il est un vin, dit encore Guyot, qu'on ne trouve pas dans le commerce et qui cependant est remarquable par ses qualités et par son goût agréable ; c'est le *vin rosé*, qu'il faut bien distinguer du vin gris, en ce que ce dernier est tiré immédiatement de la cuve, tandis que le vin rosé est laissé dans la cuve en fermentation pendant 34, 46 et quelquefois 60 heures. — Cette sorte de vin, dit-il, est l'*étalon de la vigne,* car plus les cépages seront fins, plus délicat sera le vin.

Ce vin tiré de la cuve après 34, 46 et 50 heures, est mis dans des tonneaux, laissé ainsi pendant plusieurs semaines et même plusieurs mois, continuant à fermenter ; mais il faut remplir avec soin les tonneaux chaque jour, pour combler le vide produit par la fermentation, ce qui explique un peu le prix plus élevé que ce vin acquiert et pourquoi on le trouve peu dans le commerce, à cause des soins assidus et des remplissages fréquents qu'il exige ; il est important de ne fermer les tonneaux dans lesquels se trouve ce vin que par des feuilles de vigne, une brique, et mieux encore une bonde de porcelaine ou faïence percée d'un ou deux petits trous pour laisser passer le gaz acide carbonique.

Remplissage ou ouillage des tonneaux. — Lorsque le vin a été tiré de la cuve et mis dans des barriques remplies, ainsi que nous l'avons dit, avec une certaine quantité de vin de presse, on doit se garder de le descendre à la cave immédiatement, mais bien le laisser dans un cellier, ou dans des hangars fermés, non seulement pour opérer l'ouillage ou le remplissage, autant qu'il est utile ; mais encore pour lui laisser passer l'hiver, le refroidissement ayant la propriété d'améliorer essentiellement le vin, en lui enlevant sa verdeur et en développant considérablement son bouquet. Le comte Odart qui recommande ce soin, assure, et nous pouvons en garantir l'exactitude, que le vin qui a séjourné ainsi l'hiver dans des celliers ou des hangars, a acquis des qualités très remarquables et très distinctes de celles du vin qui a été mis en cave immédiatement après le décuvage. Les marchands qui, dit-il, venaient acheter mon vin, ont été les premiers à en faire la distinction, et à m'offrir dix ou vingt francs de plus par pièce, du même vin, lorsque celui-ci n'avait été mis en cave qu'après l'hiver.

L'ouillage ou remplissage est une opération qui, toute simple qu'elle est, contribue à assurer la qualité au vin ; mais il faut qu'elle soit faite avec soin et exactitude ; beaucoup de vignerons laissent leur vin se détériorer, perdre de la force, et prendre un mauvais goût pour ne pratiquer cette opération qu'avec indifférence et négligence.

La première semaine que le vin a été mis dans la barrique, il faut ouiller tous les jours ; puis tous les deux jours pendant la seconde semaine, tous les trois jours ensuite pendant la troisième semaine, enfin tous les huit jours pendant le mois suivant, et tous les quinze jours jusqu'au mois de mars, époque à laquelle on devra faire un premier soutirage. — Quelquefois, il convient de faire un premier soutirage, qu'on appelle aussi *débourrage*, vers le mois de décembre ou janvier, lorsque le vin a été tiré de la cuve très trouble et très chargé.

Ainsi que nous l'avons dit pour le *vin rosé*, on ne doit fermer les barriques, qu'avec une brique, une feuille de vigne recouverte de sable, ou une bonde en faïence ; car la fermentation qui s'opère pendant plusieurs semaines, ferait éclater la pièce. — Et l'on ne devra fermer hermétiquement avec la bonde de bois qu'après cinq ou six semaines.

Soutirage. — Nous avons recommandé de faire un premier soutirage soit en décembre, soit en mars, selon que le vin est plus ou moins chargé de lie provenant du tirage à la cuve et de l'addition des vins de presse toujours plus ou moins épais.

Maintenant nous ajouterons qu'un des moyens les plus importants de conserver le vin et d'éviter son altération, c'est de le soutirer deux fois la première année et une fois au moins tous les ans tant qu'il restera en cave, et même lorsqu'on le sort pour le vendre. Et là encore pour faire ces diverses opérations, nous ne cesserons de faire remarquer combien il est nécessaire qu'elles soient faites avec le plus grand soin et la plus grande propreté ; il faut que les barriques soient saines et sans odeur, et il est indispensable de mécher la pièce qui doit recevoir le vin au soutirage sous peine de le voir s'altérer ; que la pièce soit sèche ou humide, il convient surtout d'y faire brûler une mèche au moment même d'y mettre le vin. L'acide sulfureux que la mèche dégage en brûlant a pour propriété d'anéantir les moisissures et tous les corps organisés qui se développent et s'attachent aux parois des vaisseaux; aussi, lorsque parfois la mèche soufrée ne peut brûler dans une pièce vide il faut, avant d'y mettre du vin, la défoncer et la nettoyer avec soin.

Le vin étant fait et descendu à la cave, il est important, avons-nous dit, de le remplir fréquemment quand il reste en tonneau, quel que soit son âge, jeune ou vieux ; car il ne faut jamais laisser du vide et il s'en forme toujours par l'évaporation et l'absorption du bois qui compose les tonneaux. C'est généralement à quoi on pense le moins, ou du moins, c'est une opération à laquelle les petits viticulteurs attachent trop peu d'importance, et cependant c'est là un moyen essentiel et important pour conserver au vin sa qualité.

Pour remplir les pièces, c'est-à-dire pour combler le vide qui s'est fait, on doit, autant que possible, se servir d'un vin de la même provenance et de la même qualité et quand il est possible de la même année ; car mettre du vin d'une autre nature, d'une autre espèce, c'est s'exposer à voir son vin changer de goût, de qualité et quelquefois même le dénaturer. Cependant comme il peut arriver qu'on en soit totalement dépourvu, voici comment on peut parer à cet inconvénient : les uns pratiquent l'ouillage ou remplissage à sec ; cette opération consiste tout simplement à remplir, autant de fois qu'il le faut, la pièce de vin avec des cailloux très propres et bien lavés qu'on introduit par la bonde. Ce moyen très convenable est souvent employé par ceux qui ne possèdent qu'une très petite quantité de vin, les petits vignerons ou les petits propriétaires ; néanmoins si simple que soit ce moyen, il est moins facile que celui dont nous allons parler et qui est encore plus à la portée de tout le monde, car non seulement il remplit encore mieux le but que l'on se propose, mais parce qu'une fois accompli on n'a plus à s'occuper du vide qui se fait chaque jour et que chaque jour il faut combler en jetant de nouveaux cailloux dans la pièce.

Ce moyen nous le recommandons particulièrement à tous ceux qui ne sont même pas propriétaires de vignes, même aux familles qui achetant du vin, n'en ont qu'une pièce au fur et à mesure de leurs besoins, tirant par conséquent le vin à même la pièce, lequel finit par s'altérer ou perdre sa force ; il consiste à verser tout simplement par la bonde, un verre ou deux d'huile d'olive fine. L'huile s'étale en nappe sur le vin et en le couvrant le met complètement à l'abri du contact de l'air. Ce moyen est loin d'être nouveau, car il était employé chez les Romains, et il l'est encore en Italie et en Espagne ; et afin de rassurer les personnes qui craindraient de voir le vin et la barrique être gâtés par l'huile, hâtons-nous de dire que l'huile d'olive fine, non seulement ne communique aucun mauvais goût, mais au conraire, qu'elle donne de la valeur à la futaille et qu'un grand nombre de viticulteurs recherchent de préférence les pièces qui ont contenu des huiles fines.

LE VIN

SES PROPRIÉTÉS ET SON INFLUENCE

XI

DU VIN

DE SON INFLUENCE SUR LA FAMILLE ET LA SOCIÉTÉ

> Les boissons n'agissent pas seulement sur l'individu, elle réagissent encore sur les familles et les populations.

Bien que les propriétés du vin et l'importance hygiénique de cette boisson sur la santé de l'homme soient connues depuis des temps infinis; bien qu'hygiénistes, poètes, littérateurs aient pris soin de louer et de chanter ses vertus bienfaisantes ; qu'il me soit permis, après avoir indiqué les meilleurs moyens pratiques de cultiver la vigne et de faire du bon vin, de dire quelques mots du vin considéré comme boisson alimentaire, du rôle qu'il joue dans la famille et la société, de l'action différente qu'il exerce sur la santé suivant qu'il est pur, fabriqué de mélange ou falsifié, et suivant qu'il est pris avec modération ou intempérance.

Nous pensons que ces dernières pages auront d'autant plus d'à-propos aujourd'hui, que ce petit ouvrage a tout d'abord pour but d'exciter et d'encourager la viticulture en France, mais aussi, parce que l'usage du vin se répandant de plus en plus dans les classes ouvrières, il nous semble plus important que jamais non seulement d'exciter à la production de cette liqueur devenue aujourd'hui de première nécessité, mais surtout de démontrer qu'il la faut naturelle, saine et provenant exclusivement du fruit de la vigne.

Il est donc indispensable, en dévoilant la cupidité et le trafic honteux qui se fait sur cette denrée, de démontrer quelles sont déjà les conséquences funestes de ces boissons qui, en s'introduisant peu à peu sous les apparences du vin salutaire, et en prenant sa place, produisent de véritables empoisonnements ; empoisonnements le plus souvent à marche lente, il est vrai, mais dont les effets sont d'autant plus graves et plus tristes, qu'ils retentissent à la fois sur le physique et sur le moral.

Afin de mieux démontrer les effets différents de la boisson naturelle de celle qui ne l'est pas, disons d'abord ce qu'est, et ce que doit être véritablement le pur jus fermenté de la vigne, autrement dit le vrai vin.

« Le vin, a dit excellemment Jules Guyot, est

l'aliment dynamique et spirituel de l'homme, comme le pain est l'aliment statique et matériel ; mais il n'y a qu'un seul vin propre à nourrir et à fortifier le cœur et l'esprit de l'homme dans le sentiment fraternel et social par excellence, dans le sentiment chrétien ; c'est celui du pur jus du fruit de la vigne, sans autre travail que celui de la simple fermentation. » Et si les vins bouillis, sucrés, distillés, ne sont déjà plus le vin naturel alimentaire ou physiologique, que sont donc alors ces boissons faites de toutes pièces et d'éléments hétérogènes, dans lesquelles, après la couleur qui leur donne l'apparence, on introduit des alcools bâtards provenant de grains, de racines, de tubercules et de bois qui leur communiquent, il est vrai, un goût vineux, un arôme attrayant, au premier abord, mais qui déjà trouble les fonctions animales et intellectuelles.

Celui qui fait ses repas avec *le vin du raisin*, dit encore Guyot, est bon et généreux de cœur, joyeux et prompt de l'esprit ; il produit beaucoup et offre volontiers l'excédent de ses produits à ses frères ; — mais par contre, disons-nous, celui qui fait usage de ces vins falsifiés, montés par les esprits de grains ou de racines, celui-là est froid de cœur et d'esprit ; il devient querelleur, envieux, despote, brutal, se ruant pour un rien sur son semblable.

Ceci n'est pas seulement une vérité historique, c'est encore et surtout une vérité physiologique et psychologique.

Le vin pur et naturel, associé aux aliments comme boisson, est essentiellement hygiénique, et il n'est pas indispensable pour cela qu'il soit fort et alcoolique; non, car le petit vin, le vin à bon marché — le vin naturel bien entendu, car, hélas! depuis ces dernières années surtout, non seulement le petit vin n'a plus de prix, mais il devient introuvable, — eh bien! le petit vin, disons-nous, le vin provenant du raisin, est non seulement le vrai vin du peuple et de l'ouvrier, mais c'est le vin de la famille à quelle classe qu'elle appartienne.

Un litre de vin bu par trois ou quatre personnes donne contentement, force et courage au travail; il nourrit le corps autant que le pain et la viande, et de plus réjouit le cœur de l'homme, le fortifiant en esprit.

Aucune autre boisson ne peut produire les mêmes effets. — Voyez le vigneron, dit toujours Guyot, i vend son meilleur vin, n'en conservant que très peu pour les jours de fêtes, et garde le plus faible pour le boire; il boit même l'eau qui a baigné les grappes pressées pour en extraire le vin, et cependant voyez-le travailler, il déploie une force, une activité et un courage extraordinaires, il se complaît dans son rude labeur, il est content.

Celui qui se sert de cidre ou de bière est fort aussi, mais il est triste, songeur et sans gaieté ; celui qui ne boit que de l'eau pour se désaltérer dans le travail, celui-là est faible, timide et malheureux.

Si les petits vins et les boissons provenant des fruits de la vigne sont si favorables à la vie du corps et à celle de l'esprit, les vins ordinaires, les bons et les grands vins, le sont davantage et en proportion de leur qualité. Pris aux repas avec régularité et modération, les bons vins, les vrais vins, donnent une santé robuste et une longévité remarquable. Mais malheur à ceux qui en font abus ! Chez ceux-là, les infirmités et les maladies viennent aussi en proportion !

Encore une fois, les vrais vins élèvent toutes les fonctions du corps, du cœur et de l'esprit bien au-dessus du niveau de toutes les autres boissons aqueuses ou autres quelque agréables et quelque fortes en sucre et en esprit qu'elles puissent être.

Le thé et le café ont certainement aussi leur influence corporelle et spirituelle, mais cette influence n'est ni de même nature, ni de même valeur que celle du vin qui porte en lui l'espérance traditionnelle de l'humanité.

Le convalescent, l'anémique, l'homme affaibli par une longue maladie, par des souffrances, des privations ou des pertes abondantes de sang, pourrait-il être ranimé par le thé, la bière, ou par le café comme par le vin? Non certainement, non jamais ces boissons n'agiront ni si promptement ni si énergiquement que le vin, avec lequel on voit chaque jour, dans de semblables cas, s'opérer de véritables transformations, pour ne pas dire résurrections.

Dans son *Manuel de la viticulture*, Jules Guyot, dont nous aimons à nous inspirer en écrivant ces pages, résume pour ainsi dire en quelques mots cette question si importante du *vin naturel alimentaire*.

« Tout vin naturel, fort ou faible en esprit, *est un bon vin*, s'il conserve sa vie organique et s'il la manifeste par une franche odeur, par un concours de tous les éléments dans une saveur harmonieuse de goût, par une digestion facile, une augmentation sensible des forces musculaires, et par une activité plus grande du corps et de l'esprit.

» *Que la saveur du vin soit fraîche, piquante ou légère, qu'elle soit douce, onctueuse et riche, qu'elle soit âpre, chaude ou austère,* LE VIN EST BON, S'IL SOUTIENT LES FORCES CORPORELLES ET INTELLECTUELLES, SANS FATIGUER LES ORGANES DIGESTIFS. »

Ce n'est pas sans dessein que nous soulignons ces lignes ; nous voudrions pouvoir les répandre à profusion et les placer sous les yeux de tout le monde, aussi bien des viticulteurs que des consommateurs, car cette définition si simple et si vraie est bien celle du viu naturel, produit du raisin ; oui, nous l'avons déjà dit et nous le redirons encore : *le bon vin est celui qui nourrit, fortifie et désaltère*, et il n'y a que le pur jus du raisin pour produire ces effets. Les vins de coupages, les vins vinés, même ceux qui sont le plus *honnêtement fabriqués*, c'est-à-dire qui sont composés de mélange de plusieurs vins naturels, vins rouges, vins blancs, etc., mais dans lesquels on ajoute le plus souvent, pour leur donner un semblant d'origine bourguignonne ou bordelaise, une certaine quantité d'alcool, ceux-là peuvent certainement être encore rangés dans la classe des vins provenant du jus de la vigne ; ce sont des boissons alimentaires et hygiéniques ; mais à la condition, toutefois, que le vinage ne soit pas fait à l'excès, et que ce soient de bons alcools qui servent à les monter ; autrement nous les placerons dans la catégorie des boissons factices et dangereuses.

Et si les vins vinés et coupés sont la limite des vins dits naturels, que dirons-nous alors de ces vins, nous devrions dire de ces boissons vineuses qui n'ont plus du vin que la couleur et un peu l'odeuret dont l'eau et les teintures forment la base?

Ce sont ces boissons, dont nous sommes inondés aujourd'hui, qui surexcitent plus qu'elles ne nourrissent; ce sont celles-là qui altèrent plus qu'elles ne désaltèrent et qui peu à peu, à force de surexciter le système nerveux, engendrent non plus seulement le délire tremblant des buveurs et les folies alcooliques, causes de tant de crimes aujourd'hui, sans compter les folies sociales, mais donnent ce nombre infini de maladies frappant l'estomac, les reins, la vessie, le foie, toute la masse encéphalique et ses annexes. Qui donc aujourd'hui fait naître ces paralysies progressives et agitantes, ces névroses si nombreuses qui frappent l'homme même avant sa maturité, pour en faire un vieillard à trente ans; qui, si ce n'est ces boissons alcooliques frelatées? Par la surexcitation qu'elles apportent, elles font naître ces haines, ces jalousies et jusqu'aux plus mauvaises passions dont les suites et les faits inondent les journaux.

Une vérité signalée autrefois par les observateurs les plus dignes dignes de foi, et que chacun de nous est à même de vérifier aujourd'hui, mais qui tend malheureusement à disparaître, par cette raison que le plus grand nombre des vins sont aujourd'hui alcoolisés et frelatés, c'est que jamais ou très rarement, le vice de l'ivrognerie n'affligeait les pays vignobles, jamais il n'atteignait et n'atteint encore les familles où le vin naturel fait toujours partie des repas. Ceux qui connaissent l'action bienfaisante du vin se gardent bien de la détruire en dépassant le but ; c'est là un fait établi par la sobriété exemplaire de tous les vignerons de France; ajoutons encore que même chez ceux qui s'abandonnaient à l'intempérance des vins naturels, chez ceux-là, l'ivresse était gaie, joyeuse, douce, tandis qu'elle est le plus souvent bruyante et terrible chez ceux qui s'enivrent avec des vins alcoolisés. — Aussi, de cette observation, découle malheureusement cette autre vérité : c'est que plus les populations sont privées de vins purs et naturels, plus il est fait usage de ces vins factices, fabriqués et falsifiés avec l'esprit de grains, plus l'ivrognerie est fréquente, brutale, dangereuse, s'étendant sur les masses, hommes et femmes, sous les formes les plus dégradées.

Qu'on voie dans les pays du Nord ce que produit l'absence du vin naturel, et par conséquent, quelle est la consommation de ces alcools de grains, de tubercules, de racines, etc., et l'on jugera de la différence produite par l'usage des vins naturels avec celui des boissons alcooliques.

Malheureusement, la cherté et la rareté des vins

purs, causées par les dix terribles années climatériques qui viennent de s'écouler, tend à faire pénétrer partout l'habitude de boire non pas seulement des vins alcoolisés, mais des boissons alcooliques préparées avec les esprits de grains, dont les effets sur l'organisme sont si terribles[1].

Ceci nous rappelle avoir lu autrefois, dans les les Contes d'Hoffmann, et dernièrement dans ceux d'Erckhman-Chatrian, une légende intitulée : *Le Chant de la Tonne;* dans cette légende allemande, on voit le tavernier descendre à sa cave et y choisir pour certains clients tel ou tel vin, qui, suivant sa nature, sa provenance, jette les buveurs dans une ivresse tantôt gaie, riante, douce ou mélancolique ; tantôt bruyante, accompagnée de chants conformes à la nuance de l'ivresse produite par le vin tiré aussi de telle ou telle tonne, et mieux encore le tavernier semble avoir le pouvoir de faire chanter à ses buveurs tels airs d'opéras, provenant de tel maître, toujours suivant la nature du vin servi.

1. Pendant les deux dernières années qui viennent de s'écouler et qui ont été terribles pour tous les vignobles de l'Est et du Centre de la France, nous avons pu constater un nombre très grand d'affections gastriques occasionnées par les vins frelatés et falsifiés; ces observations ont été publiées dans le *Journal d'hygiène*; des hommes, des femmes et surtout des enfants, ont subi un commencement d'empoisonnement ; chez quelques-uns d'entre eux nous avons observé des cas d'alcoolisme et de délire tremblant.

Eh bien ! cette amusante légende, si fantastique et si invraisemblable qu'elle soit, possède selon nous un fond physiologique et psychologique plus réel et plus vrai qu'on pourrait le supposer.

Oui, en reprenant le parallèle que nous avons fait plus haut, entre les effets physiologiques produits sur le cerveau par l'usage du vin naturel et celui des vins fabriqués, nous trouvons et croyons pouvoir indiquer la différence des effets produits. Et alors de la légende fantastique passant au fait positif, nous pouvons voir ici la tonne d'où l'on tire le pur jus de la vigne donner force, santé, contentement et provoquer une excitation douce et bienfaisante se traduisant par des chants joyeux ; tandis que de la tonne d'où s'écoulent les vins factices suralcoolisés avec lesquels la soif augmente à mesure qu'on les boit, nous voyons la santé s'altérer, le système nerveux ébranlé se troubler peu à peu, perdre son équilibre et en surexcitant continuellement le cerveau causer définitivement la folie.

L'usage des vins fabriqués a pris depuis deux ans une extension si formidable dans l'alimentation publique, que je crois ne pouvoir mieux faire que de rapporter la page que notre ami Jules Guyot avait écrite en 1864. Ces paroles si bien en harmonie avec nos observations actuelles et confirmant tout ce que je viens de dire sur ce sujet, semblent avoir été vraiment prophétiques, car depuis 1864 on peut suivre peu à peu tous les progrès malfaisants que ces boissons ont produits dans la population française.

Et c'est un hommage de plus que je veux rendre à sa mémoire :

« Dans ma conviction, dit-il [1], le vin naturel provenant du simple moût fermenté du raisin *sera tout à fait alimentaire et bienfaisant :* le vin fait avec de l'eau-de-vie, distillée à cinquante degrés et étendue d'eau au même degré que le vin provenant du moût seul, *sera malfaisant*, et le vin provenant de l'esprit absolu, dilué au même degré, *altérera profondément l'organisation* de ceux qui en feront un usage prolongé pendant quelques mois et même pendant quelques semaines seulement. »

» Voilà des indications que j'affirme être fondées, au nom de l'hygiène et de la physiologie humaine, car le vin de la vigne peut seul restituer à la nation les forces vives qui lui permettent de se défendre en toute liberté, en toute égalité et en toute loyauté, et cette question est d'autant plus urgente, qu'il y va de la santé, de la vigueur, de l'activité et de la valeur de la nation française, type de l'intelligence,

1. *Rapport sur la viticulture dans le centre nord*, page 382, — 1864.

du génie et du courage humains, tête de la civilisation la plus avancée de l'univers ; et j'affirme que c'est à l'usage populaire des vins de ses vignes, usage plus général qu'en aucun autre pays, que la France doit sa supériorité de corps, d'esprit et de cœur à la fois.

» Elle perd et elle perdra de plus en plus ce précieux privilège, *à mesure que les vins de la vigne se changeront en vin de grains. Les vins de grains descendront d'un degré l'élévation de l'homme ; les vins de racines et de tubercules la descendront de deux degrés ; les vins de bois et de bitume, qui viendront à leur tour, à n'en pas douter, sur la pente où nous glissons, descendront l'homme infiniment au-dessous de la brute.* »

Nous sommes malheureusement arrivés à cette période prévue par Jules Guyot ; — époque des vins de racines et tubercules ; les vins de bois et de bitume ont fait leur apparition et comptent actuellement pour un tiers au moins dans la consommation des boissons qui se vendent sous le nom de vin ; et l'on peut juger si Guyot avait raison de prédire la dégénérescence mentale de ceux qui en font usage.

Aussi, qu'ajouter à de si éloquentes et si prophétiques pages, qu'on les croirait écrites hier et qu'il semble que Jules Guyot a été pour ainsi dire inspiré ou doué d'une seconde vue en les écrivant ; car dix-sept ans à peine se sont écoulés et nous les voyons se réaliser.

Il faut dire, il est vrai, que l'âpre ardeur du gain a trouvé un auxiliaire puissant dans les années désastreuses qui se sont suivies pendant cette décade terrible, dans laquelle nous voyons apparaître le phylloxera dans le Midi et des gelées dans tout le centre de la France vinicole pour produire des ravages irréparables.

Il est temps encore, croyons-nous, de pouvoir combattre cet ennemi ; et le moyen c'est de multiplier la vigne et de la planter, ainsi que nous l'avons déjà dit, dans toutes les régions où elle est possible en créant de petits vignobles près de chaque ferme, près des petits hameaux et autour de chaque village.

Toutes les classes laborieuses de la société commencent à se révolter contre ces poisons qu'on leur vend à des prix insensés, et préfèrent, non sans raison, boire de l'eau ou des tisanes de fruits, que ces liqueurs qui les empoisonnent lentement, physiquement et moralement.

LE VIN

CONSIDÉRÉ COMME PRÉSERVATIF

DES

FIÈVRES PALUDÉENNES

LETTRE

AU

Dr AMÉDÉE LATOUR

*Rédacteur en chef de l'*UNION MÉDICALE,
membre de l'Académie de médecine

8

XII

LE VIN

CONSIDÉRÉ COMME PRÉSERVATIF DES FIÈVRES PALUDÉENNES

> Le vin est chose merveilleusement appropriée à l'homme, si en santé comme en maladie, on l'administre à propos et juste mesure, suivant la constitution individuelle.
>
> HIPPOCRATE (Trad. de LITTRÉ).

BIEN CHER ET DISTINGUÉ CONFRÈRE,

Vous n'avez pas oublié, j'en suis convaincu, l'aimable et savant confrère que la mort nous a enlevé et que ceux qui l'ont connu regrettent toujours : je veux parler de cet apôtre si convaincu et si expert en viticulture et œnologie, qui n'a pas craint de sacrifier sa fortune et son existence pour prêcher et propager la viticulture en France.

Vous l'avez déjà nommé, c'est de Jules Guyot que je veux parler, c'est de ce confrère si charmant, si affable, si entraînant, que nous avions tous tant de plaisir à voir et à entendre dans nos réunions fraternelles.

Et si, comme j'en suis persuadé, vous ne l'avez pas oublié, vous dont la mémoire du cœur est si grande, vous devez vous rappeler les charmants et intéressants articles qu'il a adressés à *l'Union médicale*, en réponse à la modeste lettre que je vous avais envoyée, sur l'*influence puissante du vin dans les pays où règnent les fièvres palustres et dans la Sologne en particulier*.

Eh bien, cher confrère, après vingt-deux ans d'observations attentives sur ce sujet, je viens encore, à propos de ce petit livre qui traite de la vigne et du vin, vous entretenir et vous exposer dans cette lettre les faits nombreux qui se sont passés depuis lors sous mes yeux.

Qu'il disait donc vrai, et qu'il disait bien, ce savant et spirituel confrère, lorsque dans son style aphoristique et plein d'humour, — pour démontrer que le vin est une boisson alimentaire indispensable aux classes ouvrières, il racontait, — que les vignerons estiment qu'une pièce de vin leur vaut un sac de farine ; et en effet, ajoutait-il, deux livres de pain et deux bouteilles de vin par jour les nourrissent mieux, leur donnent plus de force à dépenser, plus de courage au travail, que quatre livres de pain et deux litres d'eau. — « Je suis loin de prétendre, disait-il encore, que le vin et ses principes immédiats puissent jamais être considérés comme une panacée ; mais que le vin et son esprit soient alimentaires, hygiéniques et qu'ils concourent à la guérison et déterminent même la guérison d'un grand nombre de maladies, c'est ce que je rappelle avec d'autant plus d'assurance, que personne ne l'ignore et que je ne crains pas d'affirmer que le vin et ses principes immédiats offrent des ressources thérapeutiques plus nombreuses et plus héroïques que l'opium et ses principes immédiats, que les quinquinas, leurs principes immédiats, que toutes les espèces officinales et leurs dérivés. »

Évidemment, il est des pays, — et cela est d'une vérité incontestable, — où l'air est si pur, l'eau si bonne et si savoureuse, le sol si sain et si fertile, qu'on peut pour ainsi dire se passer de vin, ou du moins ne le considérer que comme boisson de luxe ; mais il en est d'autres, les pays de plaines, les vallées et les plateaux palustres en particulier, pour lesquels cette boisson alimentaire est indispensable et aussi importante qu'un bon pain pur de froment. Dans ces pays, il faut le dire, l'eau est loin d'avoir toutes les qualités potables hygiéniques; et l'atmosphère dans laquelle l'homme vit, est tellement saturée des émanations du sol, qu'avec les éléments telluriques spéciaux qu'elle renferme, il se produit des contrastes si grands de sécheresse et d'humidité, de chaleur et de refroidissement, que le vin y devient alors un tonique des plus précieux.

C'est là, certainement, que le vin doit non seulement être considéré comme une boisson alimentaire des plus nécessaires, mais encore comme un agent thérapeutique de la plus haute valeur.

Pour en juger, il faut avoir été, ainsi que je l'ai été tant de fois, témoin de son action médicatrice puissante dans les familles où l'anémie et la cachexie, suite de longues fièvres intermittentes, et chez lesquelles le vin alimentaire n'apparaît jamais sur la table qu'à des époques pour ainsi dire solennelles et indéterminées. C'est dans ces conditions enfin qu'on voit le vin opérer de véritables résurrections.

Cela est si vrai, que souvent, très souvent, il m'est arrivé de donner tout simplement un bon vin généreux, auquel j'ajoutais, pour la forme, quelques gouttes de teinture d'écorce d'orange ou de gentiane; et avec ce liquide donné à de pauvres gens qui ne goûtent jamais au vin, aux enfants surtout, j'obtenais, avec une dose de 12 cuillerées à bouche en trois fois, dans les chloroses, les anémies et cachexies patentes, des résultats vraiment miraculeux, et cela sans le secours d'aucuns médicaments.

Vous dirai-je que dans la plus grande partie des potions que je fais prendre aux enfants, aux adolescents, soit dans les fluxions de poitrine, les pleurésies, les bronchites, coqueluches, fièvres typhoïdes, etc., c'est le vin qui en fait le plus souvent la base.

Mais j'oublie que dans cette lettre que j'ajoute ici comme complément de ce petit ouvrage, destiné à faire connaître l'importance du vin, je ne dois parler que de son action prophylactique, c'est-à-dire préservatrice des fièvres et de son importance dans l'alimentation des classes ouvrières de cette contrée ; et cependant si j'ajoute cette lettre à la *Culture de la vigne,* c'est qu'on ne saurait faire assez comprendre que le vin, si utile à l'ouvrier de ces régions, ne fera jamais partie de son régime et de son hygiène alimentaire, s'il ne le récolte lui-même, c'est-à-dire s'il ne le cultive de ses propres mains. C'est là la condition la plus indispensable et la plus rigoureuse pour arriver à ce résultat humanitaire.

Lorsque Jules Guyot, au point de vue de l'extension de la viticulture, et moi au point de vue de l'hygiène climatologique, avons prêché tous deux la vigne et le vin en Sologne, savez-vous quelle est l'objection qui nous fut faite alors et celle que quelques propriétaires riches, — qui peuvent facilement se procurer avec de l'argent le vin dont ils ont besoin, — nous opposèrent et nous opposent encore aujourd'hui?

Mais avec l'extension de la viticulture en France, disent-ils, avec les routes et les chemins qui sillonnent le pays en tout sens, à quoi bon planter de la vigne, lorsqu'on peut si facilement s'en procurer au dehors par l'échange des produits?

Vous comprendrez que si nous ne parlions de la viticulture dans les pays pauvres qu'au point de vue des classes riches et aisées, lesquelles préfèrent, non sans raison, nous le comprenons, le vin de Bordeaux ou de Bourgogne au vin du cru, nous n'aurions qu'à nous taire devant cette objection; mais si nous voulons, au contraire, envisager cette question, ainsi qu'elle le mérite, dans tout ce qu'elle a de plus sérieux, de plus humanitaire et même de plus pratique, nous dirons, nous basant sur l'observation de chaque jour, que l'ouvrier et sa famille ne peuvent boire et ne boiront du vin alimentaire que lorsqu'ils en produiront.

Il est difficile, pour ne pas dire impossible, qu'un ouvrier qui a une nombreuse famille, et dont le salaire quotidien, — à la campagne, — ne dépasse pas 1 franc 50 à 2 francs 50 en été, puisse tirer de sa bourse la somme de cent francs pour acheter, — même à sa proximité, — une pièce de vin, le plus souvent frelaté, mouillé outre mesure, ou empoisonné. Tandis qu'il n'hésitera pas à donner, de ci, de là, quelques journées, à ses moments perdus, les dimanches ou les fêtes, pour cultiver quelques ares de vigne, ainsi qu'il fait pour son jardin, dont il tire des légumes, ou de son *ouche* dans laquelle il cultive le chanvre pour se faire de la toile, des chemises et des draps.

Ajoutons encore que l'ouvrier ne tire pas seulement du vin de sa vigne ; il a aussi pour boire dans la semaine et à ses repas d'excellentes *boissons* toniques très nutritives, quoique moins alcooliques que le vin ; j'entends parler de ces *boissons* qui sont aussi le produit de la vigne, c'est-à-dire la grappe dont il a tiré le vin. On ne saurait croire de quelle importance sont ces boissons pour l'ouvrier et sa famille ; et cette importance sera surtout appréciable dans plusieurs années, à mesure que les plantation de vigne se multiplieront ; c'est alors qu'on pourra juger qu'une demi-bouteille de vin ajoutée à leur maigre pitance, leur donnera force et santé et le plus souvent les préservera de la fièvre.

Au point où la science physiologique en est arrivée aujourd'hui, il me semble inutile de démontrer que le vin ordinaire, ainsi que le dit si bien J. Guyot,

— « *pris régulièrement avec le pain et les autres substances solides des repas, est un aliment précieux,* » car le vin n'agit pas seulement par l'alcool qu'il contient, mais par tous les principes immédiats qu'il tient en dissolution, tannin, tartrates et autres sels, etc., et vous savez qu'un bon vin ordinaire, — celui qui provient de la vigne, et non celui qui sort de l'officine des marchands de vins, dont la quantité d'alcool surajoutée est en raison directe de l'étiquette qu'il porte, — qu'un bon vin ordinaire, dis-je, ne contient que de 8 à 9 pour 100 d'alcool ; aussi les boissons naturelles sont-elles les plus rapides et les plus puissants modificateurs du système nerveux que nous connaissions parmi les substances alimentaires ; et leur action est évidemment dans le sens de l'augmentation, de l'exaltation des forces vitales puisqu'elles sont alimentaires elles sont assimilables, par conséquent diffusibles ; c'est-à-dire que leurs effets se répandent dans l'organisme sans y laisser d'éléments étrangers plus ou moins désorganisateurs.

C'est par cette double qualité de médicament et d'aliment que les boissons vineuses et spiritueuses offrent à la médecine un auxiliaire plus puissant et plus inoffensif à la fois que les préparations pharmaceutiques. Il y a cette différence entre le vin naturel et l'alcool que le premier est un liquide élémentaire, favorisant la digestion et l'assimilation; tandis que le second, ainsi qu'il ressort des recherches de M. Maurice Perrin, se comporte dans l'organisme en véritable agent dynamique excitateur du système nerveux. — « L'alcool, dit-il, séjourne dans le sang, et par lui exerce une action directe et primitive sur le centre nerveux dont, suivant les doses, il modifie, pervertit et abolit les fonctions; il s'accumule dans les centres nerveux et dans le foie, et il sort en nature de l'économie par les diverses voies d'élimination. » — Il n'en est plus de même du vin, — pris à dose modérée, — dont les divers principes, mélangés à la masse alimentaire exercent une action bienfaisante sur le mouvement de la nutrition.

Ceux qui, dans le cours de leur vie, ont fait plusieurs repas, dont les uns n'ont été arrosés qu'avec de l'eau claire, et dont les autres ont été pris avec de bon vin, ceux-là peuvent dire quelle différence existe, quel bien-être, quelle stimulation ils ont ressentis et quelle comparaison ils peuvent faire entre les premiers et les seconds.

Cela se ressent et ne se mesure pas; et si la chimie est impuissante elle-même à démontrer l'action bienfaisante et sensuelle du vin pris aux repas, la physiologie la constate et la démontre.

Si donc il est admis que le vin est un puissant

tonique, un stimulant imprimant une action spéciale sur l'alimentation et la réparation, il en découle nécessairement et logiquement qu'il doit être un puissant agent prophylactique des accidents telluriques dans les pays palustres en général.

Ce que nous avons dit est complètement confirmé par l'observation des faits que nous avons recueillis; il ne faut qu'ouvrir les yeux pour le voir et en être convaincu. Aussi on peut affirmer que ce n'est qu'exceptionnellement et accidentellement que la maladie s'appesantit sur les classes indigènes aisées dont la position sociale permet l'usage quotidien du vin aux repas ; tandis que dans les classes ouvrières, je ne dis pas pauvres, mais qui vivent plus ou moins péniblement du travail de leurs bras, celles-là enfin dont l'eau est la boisson la plus habituelle, cette classe en souffre d'une manière permanente, je dirai mieux, d'une façon chronique.

Je vous ai dit plus haut, cher confrère, qu'avec le vin on pouvait opérer de véritables résurrections sur la population ouvrière de ces contrées, femmes, enfants et vieillards, lorsque la souffrance et la maladie les avait jetés dans ce que nous appelons aujourd'hui la misère physiologique ; et que dans ces conditions le vin pouvait être à la fois remède et préservatif ; actuellement je veux tenter de vous édifier d'une façon plus complète sur l'influence préservatrice du vin ; permettez-moi donc, pour cela, de vous exposer entre tous les faits que j'ai pu observer un fait dont l'importance, j'en suis sûr, ne vous échappera pas.

Ce fait s'est passé il y a quatre ans près de moi et pour ainsi dire sous mes yeux, à Romorantin même, chef-lieu d'arrondissement, et la ville la plus importante de cette région : cette année, notons-le particulièrement, la sécheresse extrême, alternant avec les pluies d'orage, avait donné lieu à de grandes évaporations humiques, lesquelles avaient développé une quantité considérable de fièvres intermittentes de tous les types : pas de ferme, pas de hameau, qui n'eût un plus ou moins grand nombre de fiévreux. Eh bien ! malgré cette mauvaise condition climatérique, la petite garnison de Romorantin, composée d'un bataillon de chasseurs, augmentée encore au mois de septembre et d'octobre, des réservistes qui, pendant vingt-huit jours, ont fait les manœuvres d'automne, a pu échapper complètement à l'anémie, et cela grâce au vin qui a été distribué et bu par les soldats pendant toute cette période.

Dans l'espace des vingt-huit jours, époque pendant laquelle les manœuvres, marches et contremarches ont été exécutées, il a été bu, — le bataillon étant composé de 835 hommes, — 30,000 et quelques cents litres de vin, ce qui donne à peu près comme moyenne, un litre et quart par homme pendant ces vingt-huit jours [1].

Veuillez bien ne pas perdre de vue, bien cher confrère, ainsi que je l'ai dit déjà, — car c'est là un point capital, — que ces manœuvres ont été faites pendant les mois les plus fiévreux, septembre et octobre, c'est-à-dire dans le moment où l'endémie était dans toute son intensité, et que c'est en pleine campagne aussi qu'elles ont été exécutées, alors que les populations rurales étaient presque toutes atteintes.

Sur les 835 hommes, et pendant ces 28 jours, 3 hommes seulement sont entrés à l'hôpital pour y être traités de la fièvre, et l'un de ces hommes était soupçonné d'être tuberculeux.

Bien plus, ainsi que me l'a raconté l'honorable chef de bataillon de qui je tiens ces détails, quelques réservistes qui étaient arrivés malingres, chétifs et fiévreux, ont pu supporter la fatigue des manœuvres, et après ces vingt-huit jours, quitter le bataillon sans être entrés un seul jour à l'infirmerie et rentrer chez eux fortifiés par le régime et l'hygiène du soldat.

1. Une grande partie de ce vin a été distribuée aux soldats par l'intendance, et une autre a été payée par les soldats du bataillon, et surtout par les réservistes ayant apporté au régiment avec eux un petit pécule.

Je pense que ce fait peut se passer de commentaire, et bien que j'en possède plusieurs de cette valeur, que j'ai recueillis à l'époque des grands travaux qui se sont exécutés dans le Berry et la Sologne, alors que l'on construisait les canaux et les chemins de fer, je me borne à celui que je viens de vous citer, et, si je ne me fais illusion, il me semble que pour tout le monde il ressort naturellement que le vin, associé quotidiennement aux repas et pris à dose modérée, constitue un des plus puissants prophylactiques des accidents palustres : d'où il est permis de conclure, qu'encourager la viticulture en Sologne, en Berry, et dans tous les terrains pauvres, dans le but d'abord de faciliter l'usage, *à peu de frais*, d'une boisson tonique, qui fortifie l'ouvrier et régénère la famille et la population, c'est faire non seulement de *la philanthropie,* ainsi que le disait si excellemment notre ami J. Guyot, mais c'est faire aussi de l'économie sociale au plus haut degré ; c'est, enfin, parer aussi aux troubles géologiques que les cataclysmes ont apportés dans ces régions à l'époque de la formation de ces contrées, c'est rendre presque invulnérable l'homme qui doit en subir les conséquences.

Ainsi que je l'ai dit en commençant, s'il est sur le globe des climats, des contrées, où l'homme puisse se passer de vin et de boissons spiritueuses, il en est d'autres, les pays palustres surtout, la Brenne, la Sologne, les Dombes, les Landes, etc., où cette boisson est indispensable; et comme l'a dit l'éminent chimiste Liébig : « *Le vin n'est surpassé par aucun produit naturel ou factice comme un moyen de réconfortation, quand les forces de la vie sont épuisées; il ranime, il ravive les esprits aux jours de tristesse; il corrige et compense les effets des perturbations de l'économie, à laquelle* IL SERT DE PRÉSERVATIF CONTRE LES TROUBLES PASSAGERS CAUSÉS PAR LA NATURE INORGANIQUE. »

Les anachorètes et les saints pouvaient, dit-on, vivre dans le désert ne mangeant que des racines et ne buvant que de l'eau. Je ne veux en aucune façon contredire ni l'histoire ni les saintes légendes; mais qu'il me soit permis de dire que la différence est grande entre l'anachorète retiré dans le désert, vivant loin du monde, de ses bruits et de ses soucis, et le père de famille condamné à faire vivre de son travail lui et les siens.

Le premier, complètement distrait et étranger aux choses d'ici-bas, n'ayant souci que de son âme et n'ayant que peu de besoins matériels ; le second, devant au contraire lutter contre les conditions sociales, ses besoins, ses maladies, ses passions, et souvent la misère. A ce dernier il faut nécessairement une alimentation tonique, réparatrice, s'il veut résister à toutes les causes qui, en résumé, constituent *la bataille de la vie*.

On nous a dit aussi, — et c'est par là que je terminerai cette trop longue lettre, — que depuis la création des routes et des chemins, il n'était pas d'ouvrier, pas de paysan qui ne bût du vin, lequel, au besoin savait s'en procurer. Cela est vrai, pour ce qui regarde le vin consommé au cabaret ; et nous savons mieux que personne que, aujourd'hui, aux dimanches et aux jours de fêtes, aux jours de marché et de foire, un certain nombre de paysans et d'ouvriers quittent facilement leur demeure sous le moindre prétexte, attirés qu'ils sont par le cabaret, et là qu'ils consomment plus que le nécessaire.

Mais disons d'abord que c'est le plus petit nombre, et observons qu'ici le vin et les alcools qui sont absorbés dans ces conditions ne sont plus les boissons alimentaires dont nous parlons, mais bien des liqueurs exerçant une action énervante sur des constitutions des plus faciles à ébranler ; c'est en un mot de la débauche, mais de la débauche entretenue aujourd'hui par des liqueurs alcooliques de la plus mauvaise qualité ; enfin, ajoutons que cette débauche n'est que passagère, et que pendant que l'ouvrier fait ces libations dans le cabaret, *la famille, la femme, les enfants et l'ouvrier lui-même, lorsqu'il rentre à la maison*, TOUS NE BOIVENT QUE DE L'EAU.

Vous le voyez bien, cher et excellent confrère, le sujet qui fait l'objet de ce petit livre est très complexe ; car en l'envisageant du côté hygiénique, agricole et même médical, on est forcément entraîné à le considérer par un côté non moins sérieux, j'entends parler du côté économique, philanthropique et humanitaire : L'homme ici ne peut être étudié isolément, car le sol c'est lui, lui c'est la famille, c'est la population, c'est la société ; on ne peut régénérer l'un sans l'autre et c'est cet autre qui avec le sol compose le pays.

FIN

TABLE DES MATIÈRES

Châteauroux — Imp. Nuret, MAJESTÉ, successeur

DU MÊME AUTEUR

Des Étangs. — De leur maintien ou de leur suppression, au point de vue de l'hygiène, de l'agriculture et de la législation. Mémoire couronné par le comité central de la Sologne, 12 octobre 1873.

De l'Ivrognerie, de ses effets désastreux sur l'homme, la famille, la société, etc.

La Vigne en Sologne, son influence sur le pays et sur la population. Lettre à M. le maréchal Vaillant. Broch. 1862.

Recherches sur les fièvres paludéennes, suivies d'études physiologiques sur la Sologne, 1 vol., 240 p., 1858.

Statistique sur l'amélioration de la population en Sologne, 1860. Broch.

Nouvelles recherches sur le miasme paludéen et l'impaludation, trois mémoires lus à l'Académie royale de médecine de Belgique et publiés par elle, 1861-1862.

Les fièvres intermittentes, traitées à bon marché et guéries par la quinoïdine, chez les classes ouvrières. Mémoire lu à l'Académie nationale de médecine de Paris, 1879.

De la dégénérescence palustre. — Mémoire lu à l'Académie de médecine, séance du 22 avril 1873.

Châteauroux — Imp. Nuret, MAJESTÉ, successeur

www.ingramcontent.com/pod-product-compliance
Ingram Content Group UK Ltd.
Pitfield, Milton Keynes, MK11 3LW, UK
UKHW022106190726
13855UKWH00002B/666